KB266739

지구환경과 기후변화

황금록 지음

명인문화사

지구환경과 기후변화

제1쇄 펴낸 날 2026년 4월 10일

지은이 황금록
펴낸이 박선영
주 간 김계동
디자인 전수연
교 정 서윤정

펴낸곳 명인문화사
등 록 제2005-77호(2005.11.10)
주 소 서울시 송파구 백제고분로 36가길 15 미주빌딩 202호
이메일 myunginbooks@hanmail.net
전 화 02)416-3059
팩 스 02)417-3095

ISBN 979-11-6193-174-6
가 격 27,000원

차례

따뜻한 봄 햇살 아래 누워 잠들곤 했던 어린 시절이 생각난다. 그 시절에는 자외선 차단제를 바르지 않아도 마음껏 햇살을 느낄 수 있던 시절이었다. 여름엔 친구네 밭에 놀러 가서 수박을 따 먹기도 했고 가을엔 감나무에서 떨어진 홍시를, 사과나무에서는 벌레 먹은 낙과를, 또 지나는 길 위에 떨어진 살구를 대충 옷에 문질러 참 맛있게도 먹었더랬다. 이제는 그저 추억 속에 존재하는 하나의 장면일 뿐이다. 이제 더 이상 봄과 가을의 구분이 모호해졌고 여름과 겨울 사이 간절기 옷은 몇 벌 입지도 못하고 지나가 버린다. 따가운 여름 햇빛을 막으려 모자나 양·우산을 쓰지 않고는 거리를 활보하기 힘든 시대가 되었다. 2000년대를 지나면서 봄은 순식간에 지나가 버리고 장마도 장마 같지 않게 지나가 버리고 비가 오면 지역적 극한 폭우가 내리고 더위도 견딜 만한 따스한 기온이 아닌 극한 폭염 기록일이 연일 갱신하는 시대가 되었고, 지구의 대기가 더 이상 온실가스의 역할을 중재하지 못하고 뜨거운 지구도 참을 수 없어 기후 재난의 강도와 빈도가 증가하는 지구의 역습이 시작되었다.

2005년 서울의 대기 중 이산화탄소 농도는 대략 385ppm(백만분율, Parts Per Million)으로 실측되었는데 2024년 기준으로는 대략 430ppm으로 45ppm이나 기하급수적으로 증가했다. 우리나라는 경제와 환경의 조화로운 발전을 위해 '저탄소 녹색성장 기본법'을 2010년 1월 13일에 제정하고 4월 14일부터 시행하였고, 현재는 2021년 9월 '기후위기 대응을 위한 탄소중립 녹색성장 기본법(이하 "기본법")이 제정되어 대체되었다. 이러한 기본법 제도 아래 '관리업체의 온실가스 목표관리' 제도는 2011년부터, '온실가스 배출권거래제'는 2015년부터 시행하여 현재까지 시행되고 있다.

'온실가스 배출권의 할당 및 거래에 관한 법률'에 따라 2011년부터 시행된 검증 심사원 자격을 획득하여 현재까지 목표관리제 및 배출권거래제 업체를 검증하고 있으며, 2018년까지 필자가 심사 업체에서 가장 많이 들었던 말은 '눈에 보이지도 않는 온실가스를 왜 우리가 줄여야 하고 실제로 온실가스 때문에 온도가 상승했다는 증거가 어디에 있느냐?'였다. 우리가 숨 쉬고 마시는 공기도 눈에 보이지 않고, 공기 덕분에 살아가고 있음을 누구나 알고 있고 의문을 제기하지 않는다. 그런데 왜 유독 기후변화는 온실가스 때문이라는 당연한 결과에 대해 아직도 의문을 제기하고 논쟁을 이어가고 있는 것일까.

목표관리제 및 배출권거래제 심사 시, 2010년대 초창기에는 이산화탄소의 역할과 대기 중 농도가 예전에 비해 증가하고 있다는 점에 대해 자세하게 설명하곤 했지만 2010년대 말경에는 그러한 설명을 하는 데 스스로 지쳐가고 있었다. 2025년 현재는 기후가 바뀌었다는 것을 인지하고 있어서 그런 말을 더 이상 듣지 않게 되었으나, 현재까지도 온실가스의 기후변화 결과에 대해 찬·반 논쟁이 지속되고 있다. 현재도 기후 역습으로 생태계 및 사회·경제적 피해를 재난 수준으로 겪고 있다. 매년 온실가스 농도, 기후 재난, 피해 규모가 역대 이런 세상이 다시 없을 정도로 다양한 형태로 나타나고 있고, 매년 기후 재난 및 피해는 모든 기록을 경신하고 있고, 혹자는 기후 위기를 되돌릴 수 없다고까지 내다보고 있으나, 우리 속담에 '늦었다고 생각할 때가 가장 빠르다'라는 말이 있다. 지속가능한 발전을 위해, 미래 세대에 기후변화의 책임을 전가하지 않기 위해, 취약계층의 기후변화 불평등을 줄이고 평등한 기회를 위해, 무엇보다 인류의 미래를 위해 책임 의식을 가지고 다 함께 온실가스를 줄이려는 노력에 동참해야 할 것이다.

기온, 강수량, 바람, 해빙 등이 평년 수준을 크게 벗어난 경우를 '극단적' 기후 현상으로 표현하고 있고, 극단적 기후 현상에 따른 그 피해 정도도 극단적으로 매년 갱신하고 있다. 물론 기후 위기에 적응 및 대응하기 위해서는 정부의 노력에 더하여 개인의 노력도 중요하다. 기후변화는 사회, 경제, 산림, 보건 등 전반에 걸쳐 광범위한 영향을 미치고 있고, 특히 농업 변화, 식량 부족, 식수, 감염병 확산, 정신적 피해 등 사회, 경제, 보건, 생태계 전반의 인프라 피해가 급격히 증가하고 있어 이에 대한 대책 또한 발 빠르게 대비해야 한다. 미래

　　　　　　　지구환경과 기후변화

세대를 위한 효과적인 기후 위기 대응에 기술적 개발 협력 및 연구 개발에도 적극적 지원이 필요하다. 쉽지 않은 기후 위기 속에서 각자 삶의 질을 유지하고 건강한 사회의 구성원이 되길 희망해 본다.

2026년 3월

황금록

제1장

탄소

지구상의 모든 생명체와 무생물을 구성하는 기본적 요소는 현재까지 알려진 118종의 원소이다. 이 가운데 탄소는 주기율표에서 원자번호 6번에 해당하며, 기호는 C(Carbon)로 표시된다. 탄소는 우주에서 네 번째로 풍부한 원소로 우주의 75%를 차지하는 수소(H)를 비롯해 헬륨(He)과 산소(O) 다음으로 많이 존재한다. 이러한 다양한 원소들과 결합하여 탄소는 여러 종류의 탄소 화합물을 만들어 낼 수 있다.

탄소의 중요한 특성은 결합 방식과 결정 구조에 따라 전혀 다른 성질을 지닌 화합물을 만들어낼 수 있다는 점이다. 예를 들어, 산소 한 개와 결합하면 무기물인 일산화탄소(CO)가 되고, 산소 두 개와 결합하면 이산화탄소(CO_2)가 된다. 또한 탄소가 수소와 결합하면 메탄(CH_4)이나 아세틸렌(C_2H_2)과 같은 화합물이 형성된다. 이러한 결합이 이어지면 포도당($C_6H_{12}O_6$)과 같은 물질이 생성되고, 더 나아가 식물의 주요 구성 성분인 셀룰로스$[(C_6H_{10}O_5)n]$와 같은 유기 화합물로 확장된다. 인간은 탄소 결합의 이러한 특성을 응용해 나일론(Nylon), 폴리에스테르(Polyester) 등 다양한 합성 물질을 개발했다.

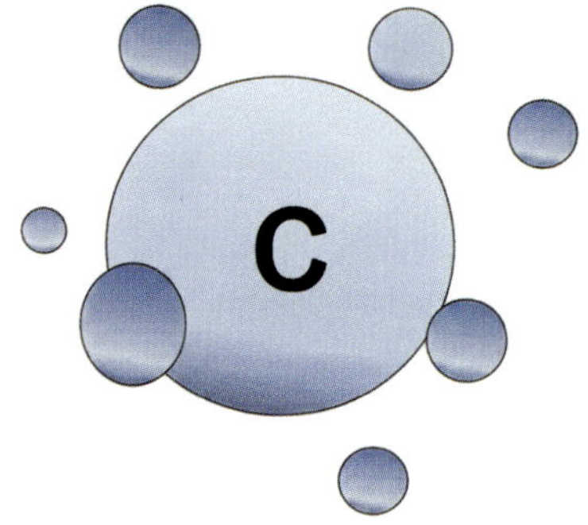

　지각에서 탄소가 차지하는 비율은 약 0.08%에 불과하지만, 인체에서는 수분을 제외한 체중의 약 18%를 구성하며, 이는 전체 무게의 절반에 달하는 수준이다. 지각의 주요 구성 원소는 산소(O), 규소(Si), 알루미늄(Al), 철(Fe), 칼슘(Ca), 나트륨(Na), 칼륨(K), 마그네슘(Mg) 순으로 이 여덟 가지 원소가 전체의 98% 이상을 차지한다. 그럼에도 불구하고, 미량 존재하는 탄소는 눈에 보이지 않는 세균에서부터 고등 동물에 이르기까지 모든 생명의 기반을 이루고 있다.

　탄소 원자는 서로 강하게 반발하지 않으며 네 개의 결합 팔을 가지고 있어 단일, 이중, 삼중 결합을 통하여 수백만 개의 탄소끼리 결합해도 안정적인 구조를 유지한다. 같은 원소로 이루어져 있지만, 원자의 배열과 구조가 달라서 성질이 달라지는 경우를 동소체(Allotrope)라 하며, 대표적인 예가 흑연과 다이아몬드이다. 흑연은 전기 전도성이 뛰어나 연필심, 전극, 윤활제 등으로 활용된다. 반면 다이아몬드는 전기 절연체이지만 열전도율은 모든 물질 중 가장 높아 반도체 냉각재나 고출력 전자소자와 같은 첨단 산업에도 응용된다. 또한 매우 단단하고 투명하며 굴절률이 높아 빛을 아름답게 반사하기 때문에 값비싼 보석으로 사용되었으며, 역사적으로는 국제분쟁의 원인이 되기도 했다. 흑연과 다이아몬드처럼 성질이 다른 동소체는 오래전부터 활용되어 왔으며, 오늘날에는 그래핀(Graphene), 나노 다공성 탄소, 탄소 나노폼(Carbon Nanofoam), 탄소 나노튜브(Carbon Nanotube), 풀러렌(Fullerene) 등이 탄소 소재 기술 혁신을 이끄는 대표적 예로 주목받고 있다.

이렇게 인간들에게 이롭고 유익한 물질인 탄소는 없어서는 안 될 존재이지만 동시에 환경 문제의 원인이 되기도 한다. 탄소가 수소와 결합하면 메탄(CH_4), 산소와 결합하면 이산화탄소(CO_2)가 형성되며, 여기에 수소불화탄소(HFCs), 과불화탄소(PFCs), 아산화질소(N_2O), 육불화황(SF_6)을 포함해 이 여섯 가지 기체를 6대 온실가스(온실기체, 이후 온실가스라 칭함)라 하며 지구온난화의 주범으로 알려져 있다.

그러나 탄소는 동시에 지구 생태계의 순환을 유지하는 핵심적 역할을 한다. 식물은 태양으로부터의 햇빛을 받아 광합성을 통해 이산화탄소와 물을 흡수해 탄수화물을 합성한다. 이렇게 생성된 유기물은 먹이 사슬을 따라 소비자인 동식물에 전달되며, 다시 분해자에 의해 사체나 배설물이 분해되면서 이산화탄소 형태로 대기나 물속으로 되돌아간다. 이 과정에서 대기 중에 존재하는 이산화탄소의 흡수와 방출은 대체로 균형을 이루어 탄소의 순환과 평형이 유지된다. 이러한 탄소의 순환 과정은 도표 1.2와 같이 나타낼 수 있다.

　하지만 산업화 이후 이러한 균형이 흔들리기 시작했다. 산업화 이전 전 세계 대기 중 이산화탄소 평균 농도는 약 0.03%였으나, 현재는 0.04%로 증가하였다. 수치상으로는 단 0.01%의 증가에 불과하지만, 이로 인한 기후변화가 지구 생태계에 미치는 영향은 결코 무시할 수 없는 수준이다.

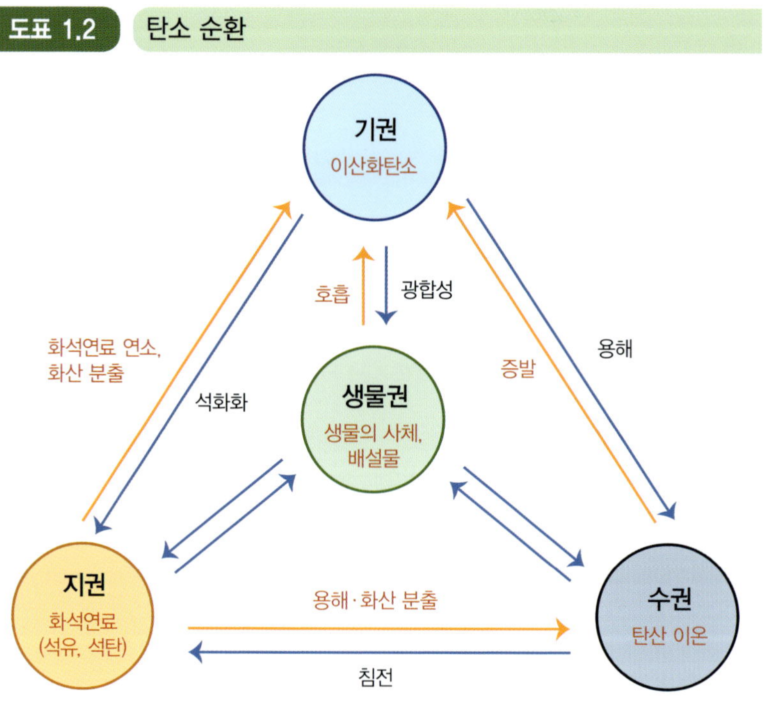

도표 1.2　탄소 순환

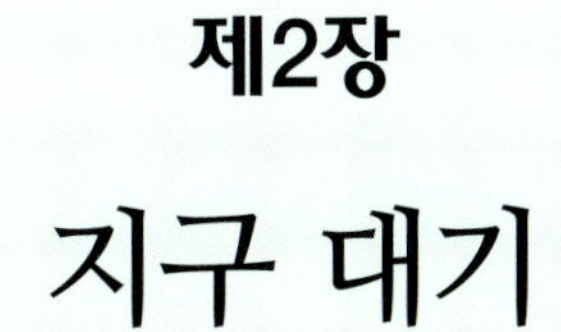

제2장

지구 대기

달 표면에서 본 지구는 푸른빛이 감도는 완벽한 둥근 형태로, 그 아름다움이 가히 감탄을 자아낸다. 지구가 생겨나 많은 지각 변동과 활동을 거쳐 안정적인 대기권(대류권-성층권-중간권-열권)이 형성되었고 태양에너지를 흡수하고 방출하면서 대기와의 상호작용을 통해 균형을 유지해 왔다. 다양한 생물이 지구 표면에서 살아갈 수 있도록 기나긴 시간 여행을 거쳐 온 지구에 경의를 표한다.

1968년, 유인 달 탐사선 아폴로 8호는 달을 네 번째 공전하던 중 달 지평선 너머로 떠오르는 푸른빛의 지구를 최초로 촬영했다. 이 사진은 '지구돋이(The Earthrise)'라는 이름으로 불리게 되었으며, 지구의 아름다움과 지구가 우주의 일원임을 일깨워 주었다. 또한 이후 환경운동가들에게 큰 영감을 주어 1970년 '지구의 날' 제정의 계기가 되었다.

그러나 지구의 소중함을 깨달은 그 시기와 맞물려, 인류는 우주 탐사와 개발을 본격적으로 확대하면서 또 다른 문제를 낳기 시작했다. 인공위성과 로켓 발사체에서 비롯된 우주 쓰레기가 그것이다. 현재 지구 궤도에는 약 9,000톤의 폐기체가 존재하며, 400~1,000km 저

궤도에는 1mm 크기의 파편이 1억 개 이상 부유하는 것으로 추정된다. 이는 인류가 그려온 장대한 우주 정복의 이상과는 달리, 현실이 쓰레기 문제로 얼룩져 있음을 보여준다. 향후 통신 경쟁과 우주 개발이 가속화될수록 이 문제는 더욱 심각해질 것이며, 우주 쓰레기 제거 기술이 시도되고는 있지만, 끊임없이 늘어나는 발사체 잔해를 완전히 치울 수 있을지는 의문이다.

우주 공간의 오염 문제는 인류가 직면한 새로운 도전 과제를 보여주지만, 그럼에도 지구는 여전히 인류와 모든 생명체가 의존하는 유일한 터전이다. 지구는 약 45억 년 전에 형성되었으며, 지구에서 세포 생명체가 최초 등장한 것은 대략 38억 년 전으로 거슬러 올라간

지구환경과 기후변화

다. 이후 생명체가 살 수 있는 환경을 조성하게 된 계기는 24억 년 전 시아노박테리아에 의해 광합성을 하게 되면서 산소가 폭발적으로 생겨나면서부터다. 5억 년 전 육상생물의 출현부터 2억 5,000만 년 전 포유류가 등장하기까지 상당한 시간이 흘렀으며 이후 30만 년 전 호모 사피엔스가 출현했다.

모든 생명체의 근원인 탄소는 없어서는 안 될 중요한 원소이다. 피터 크록포드(Peter Crockford) 교수의 연구에 따르면, 지구 생명체 구성 성분인 탄소의 1차 생산(대기 중 무기 탄소를 유기화합물로 전환)에 소모된 총량은 100경 톤(10의 20제곱, 1해)으로 추정한다. 또한 그는 현재 지구에 존재하는 생명체의 세포 수를 약 10^{30}개로, 지구가 수용 가능한 생명체의 최대 규모를 약 10^{40}개로 추정하였다. 향후 지구는 살아온 세월만큼 앞으로도 존재할 것이다. 그러나 인간의 문명이 발전할수록 지구 생명체의 흐름에 역행하는 문제가 발생할 가능성이 있다. 지구의 1차 생산 과정 역시 영향을 받을 수 있다. 이미 다양한 생명체의 빠른 멸멸이 시작되었으며, 앞으로 인류에게 해가 될지 이로울지 알 수 없는 새로운 생명체가 나타날 가능성도 존재한다. 지구의 다양한 생명체가 살아갈 수 있는 최적의 기후 환경을 유지하기 위해서는 최상위 포식자인 인간이 생명체로서의 지구에 어떻게 대응하느냐가 관건이다. 이는 앞으로 지구 생물권 안에서 지금까지 경험하지 못했던 놀랍고도 극복하기 어려운 사건이 발생할 수 있음을 보여준다.

그럼에도 지구는 오랜 세월 동안 스스로 균형을 유지하며 생명체를 보호해 왔다. 이제 시선을 돌려, 지구가 생명체를 지켜주는 가장 직접적인 방패인 대기권으로 내려가 보자. 인간의 몸을 보호하기 위해 옷이나 외투를 걸치듯이 지구에서 살아가는 생명체를 보호하기 위해 지구도 외투를 걸치고 있다. 색으로 구분되지는 않지만, 대류권·성층권·중간권·열권이라는 네 가지 층이 지구를 감싸고 있다.

지구 대기의 최외곽에 위치한 외기권(Exosphere) 바로 아래에는 열권이 있다. 이곳은 공기 밀도가 매우 낮아 적은 에너지로도 기온이 쉽게 상승하는 특징을 보인다. 지표에서 약 150km 이상의 고도에서는 오로라가 나타나 화려한 색채가 춤추듯 빛나는 장관을 연출한다. 또한 태양의 자외선 등의 영향으로 이온화된 전리층에서 전파가 반사되기도 하고 국제 우주정거장을 비롯한 인공위성의 주요 궤도로 활용된다.

열권 아래 약 80km 이하의 영역은 중간권이다. 이곳은 수증기가 매우 적어 기상 현상이 거의 나타나지 않으며, 태양으로부터 멀리 떨어져 있고 지구 지표면의 복사열이 충분히 전달되지 않아 영하 95℃에 이르는 극히 낮은 온도를 보인다. 수많은 유성이 입자와의 마찰로 불타올라 지표면에 도달하기 전에 소멸하는 현상도 이 구간에서 일어나며, 이는 장관을 이루기도 한다.

중간권 아래에는 성층권이 위치하며, 지표로부터 약 10~50km 높이에 분포한다. 이 구간은 고도가 높아질수록 기온이 올라가며, 성층권의 가장 높은 부분의 온도는 약 영하 3℃ 정도로 춥지 않다. 일반 여객기는 보통 6㎞~12㎞ 고도에서 비행하며, 전투기나 초음속 비행기들은 18㎞~27㎞ 고도에서 운항한다. 태양에서 오는 자외선은 오존(O_3)을 산소 원자(O)와 산소 분자(O_2)로 분해하기도 하고, 다시 오

존으로 재합성하기도 한다. 이러한 오존층은 태양의 강한 자외선을
차단하여 지구 생태계를 보호하는 역할을 하고 있다. 차가운 공기 위
에 따뜻한 공기가 존재하는 열적 안정화 상태에 있어 대류와 난류가
거의 발생하지 않는다.

성층권 아래에는 지표에서 약 11km 높이까지 분포하는 대류권이
있다. 태양으로부터의 열이 지표면을 데우고 반사하여 지표에서 위로
갈수록 춥고 기온이 낮아진다. 그 결과 따뜻한 공기는 위로 상승하고

 지구의 대기권 구조

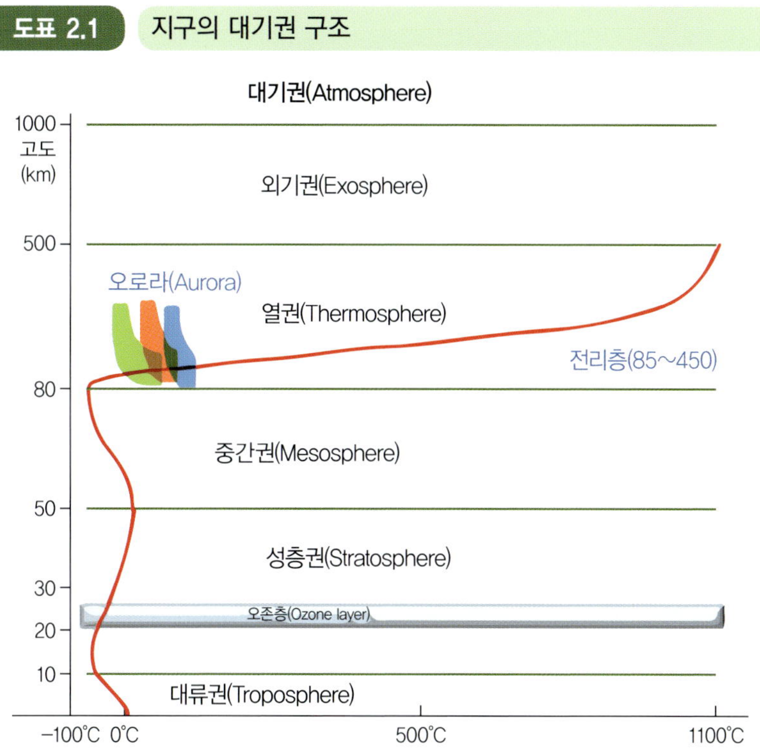

차가운 공기는 아래로 내려오는 대류 현상이 발생한다. 이러한 대류 현상과 기상 현상으로 날씨가 청명할 수도 있고 정체된 공기로 말미암아 미세먼지나 황사가 빠져나가지 못해 생활하기 힘든 환경이 조성되기도 한다. 또한 이 구간에서는 여객기들이 운항할 때 격렬한 폭풍우를 만나면 인명 피해가 발생하기도 하고 반대로 제트 기류를 만나면 연료 소모를 줄일 수 있기도 한다.

이러한 대기권이 없다면 지구의 모든 생명체가 살아가지 못할 것이다. 인간의 몸은 입안 체온 기준으로 약 35.7~37.4℃ 범위를 유지해야 건강한 삶을 살아가는 정상 상태라고 본다. 여기서 단 1℃만 열이 오르거나 내리게 되면 몸에 이상 징후가 나타나게 되고 심해지면 실신하거나 목숨을 잃기도 한다. 인체는 자율신경계와 호르몬 조절을 통해 체온을 일정하게 유지한다. 더워지면 적외선 형태의 열을 방출하고 신진대사를 억제한다. 반대로 추워지면 열 방출을 최대한 줄이고 신진대사를 촉진하여 열을 발생시켜 체온을 높인다.

▲ 대기의 다양한 구름층

　　　　　　　　　　지구환경과 기후변화

　이처럼 체온을 조절하는 인간 몸과 대기 온도를 조절하는 지구 몸은 다르지 않다. 살아 숨 쉬는 생명체와도 같은 지구는 공전 및 자전 운동, 세차 운동, 태양에너지, 복사 에너지, 해양, 얼음, 수증기, 화산 활동, 대기 순환 등 다양한 유기적 활동을 통해 시스템을 균형 있게 조절해 왔다. 그러나 이 중 어느 하나라도 부족하거나 과도해지면 지구 시스템 조절 능력이 상실될 것이다.

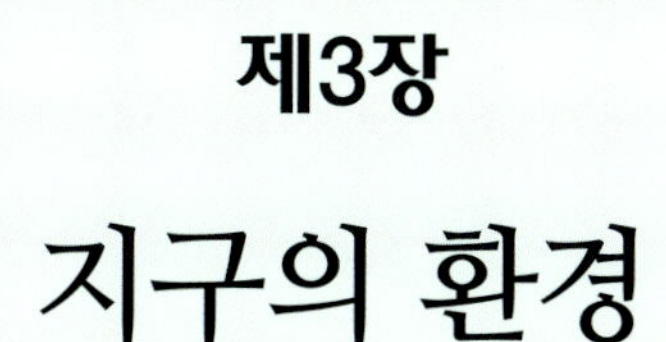

지구의 환경

지구의 환경은 지난 200~300년간 급격한 변화를 겪어 왔으며, 인류는 대기, 육지, 해양 등 여러 영역에서 극한의 상태를 경험하고 있다. 이러한 변화의 원인을 이해하기 위해서는 지구의 주요 환경 요소를 살펴볼 필요가 있다. 지구가 품고 있는 환경인 땅(地), 물(水), 바람(風), 얼음(氷) 등 생명체가 살아가는 데 필수적인 요소들이 과거에 비해 더욱 극심한 환경에 직면해 있다. 이제 지구가 당면한 문제를 고찰하기에 앞서, 지구환경 전반에 대해 간략히 살펴보자.

수권(水圈, Hydrosphere)

해수, 담수

수권은 지구 표면에 분포하는 해양, 호수, 하천, 빙하 등 다양한 형태의 물을 아우르는 개념이다. 지구 표면의 70.8%(7분의 5)가 물로 덮여 있으며, 전체 면적의 약 3분의 2를 차지하는 해양이 그 대부분을 이룬다. 총 물의 양은 약 13억 7,000만㎦로 추정되는데, 이 중 97.2%가 해수이며, 나머지 약 2.8%는 담수이다. 담수 중에서는 빙하와 만년설이 약 2.15%, 지하수가 약 0.62%, 호수·강·토양수 등 기타가 약 0.03%를 차지한다.

해수에서는 중탄산염(HCO_3^-)과 칼슘이온(Ca^{2+})이 결합하여 탄산칼슘($CaCO_3$, 석회암)으로 침전되거나, 생물체에 흡수되기도 한다. 또한 해저 화산 활동으로 염소이온(Cl^-)이 공급되면서, 해수의 주요 성분은 염소이온(Cl^-), 나트륨이온(Na^+), 황산염(SO_4^{2-}), 마그네슘이온(Mg^{2+}), 칼슘이온(Ca^{2+}), 중탄산염(HCO_3^-) 순으로 나타난다. 한편 담수에는 다양한 성분이 녹아 있어 생명체의 영양분으로 작용하거나, 때로는 해로운 독소가 되기도 한다. 담수의 주요 구성 성분 가운데 중탄산염(HCO_3^-)은 인체의 신장, 내분비 기관, 심장 질환을 진단하는 데 중요한 전해질 지표로 활용되며, 담수에서 가장 높은 비율을 차지

▲ 제주도 곽지해수욕장 해안 전경

지구환경과 기후변화

한다. 그 외에 칼슘이온(Ca^{2+}), 이산화규소(SiO_2), 황산염(SO_4^{2-}), 염소이온(Cl^-), 나트륨이온(Na^+), 마그네슘이온(Mg^{2+}) 등이 뒤를 잇는다. 반면 담수에는 경우에 따라 납(Pb), 카드뮴(Cd), 수은(Hg)과 같은 중금속이나 과도한 질산염(NO_3^-)이 포함되어 독성 물질로 작용하기도 한다.

혼합층, 수온약층, 심해층

해수는 깊이에 따라 수온 분포가 달라지며, 일반적으로 혼합층, 수온약층, 심해층으로 구분된다. 태양 복사 에너지는 약 10m 깊이까지 해수에 투과하여 가열하고, 바람은 이 영역을 섞어 주어 해수 표면에서 약 200~300m까지 일정한 온도를 유지하게 된다. 이 구간이 바로 혼

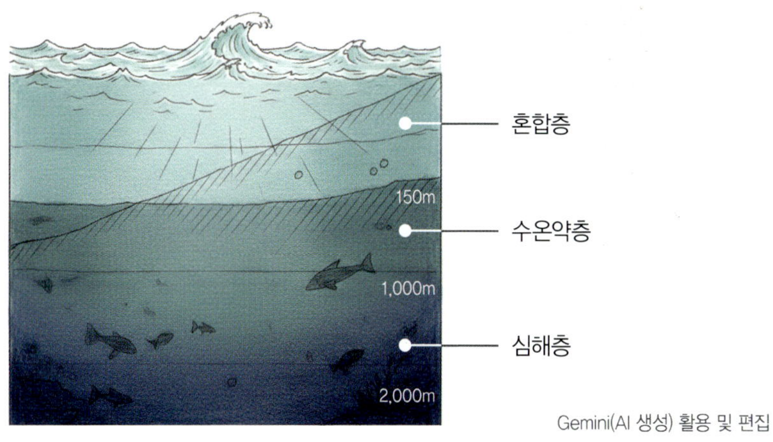

Gemini(AI 생성) 활용 및 편집

합층이다. 혼합층 아래에는 수온이 급격히 하강하는 구간이 나타나는데, 이를 수온약층이라 한다. 수온약층은 대략 1,000m 깊이까지 이어지며, 계절 변화·위도·조류에 따라 깊이와 두께가 달라진다. 일반적으로 위도가 낮고 여름철일수록 더 뚜렷하게 발달한다. 그 아래의 심해층은 바람이나 태양 복사 에너지의 직접적인 영향을 받지 않고 대략 −1~3℃ 사이의 수온을 유지하며 해수의 약 80%를 차지한다.

부영양화(Eutrophication)

인간의 산업화가 발전하면서 화학비료나 오수의 유입 등으로 인(P)과 질소(N)와 같은 영양분이 과잉 공급되는 경우가 많아졌다. 이로 인해 물속 조류가 과도하게 번식하고 수생식물 또한 급속히 성장한 뒤 대

지구환경과 기후변화

량으로 죽어가면서, 하천이나 호소의 심층수에서 산소가 고갈되어 수중 생물이 죽게 되는 현상이 바로 부영양화이다. 물속에 녹아 있는 산소의 양을 용존산소량(DO: Dissolved Oxygen)이라고 하며, 이는 수질 오염의 정도를 나타내는 중요한 지표가 된다. 일반적으로 수온이 낮을수록, 기압과 난류가 높을수록, 유속이 빠르고 하천 경사가 급할수록, 그리고 염분이 낮을수록 용존산소량은 증가한다. 부영양화가 진행될수록 수질 관리와 정화에 필요한 비용 또한 증가하게 된다.

열염순환(熱塩循環, Thermohaline Circulation)

바닷물이 짠맛을 가지는 이유는 소금 때문이다. 1리터의 바닷물에는 평균 약 35g의 소금(염, 塩)이 녹아 있으며, 이 가운데 99%는 염소, 나트륨, 황, 마그네슘, 칼슘, 칼륨 등 여섯 가지 원소로 구성된다. 이 중 염소와 나트륨이 결합한 염화나트륨이 약 80%를 차지해 바닷물의 짠맛을 만든다. 이 염화나트륨은 해저 또는 해상 화산 폭발로 방출된 염소와 지표 암석의 풍화작용으로 유입된 나트륨이 결합하여 생성된 것으로, 세계 해양의 평균 염분 농도는 약 35‰(퍼밀, 천분율)이다. 소금이 풍부하게 존재하는 사해(死海)나 세계 최대의 지하 소금 광산인 비엘리치카(Wieliczka Salt Mine)는 소금 자원의 중요성을 보여주는 대표적 사례다. 역사적으로 인간은 소금 확보를 위해 전쟁을 치르기도 했다.

지구의 자전과 공전으로 인해 저위도 바닷물은 고위도 바닷물보다 태양 복사 에너지를 더 많이 받아 데워진다. 여기에 무역풍, 편서풍, 극동풍과 같은 바람이 더해져 해류가 이동한다. 바닷물의 열에너지, 염분 농도 변화(밀도 차), 바람 등으로 형성되는 해류의 장기적 흐름인 열염순환, 심층순환 또는 대순환으로 부른다. 대표적인 예가 대서양의 걸프 스트림(Gulf Stream, 멕시코 만류)이다. 열대 해역에서 수분이 증발한 뒤 염분 농도가 상대적으로 높고 고온 상태인 해수가 북극해로 흘러간다. 이 물은 저온·고밀도의 북극해 바닷물 밑으로 가라앉으며 심층순환을 일으킨다. 이 과정 덕분에 북대서양 고위도 지역은 같은 위도대의 다른 지역들보다 비교적 따뜻한 기후를 유지할 수 있다.

이러한 순환 해류는 2003년 개봉한 만화 영화 〈니모를 찾아서

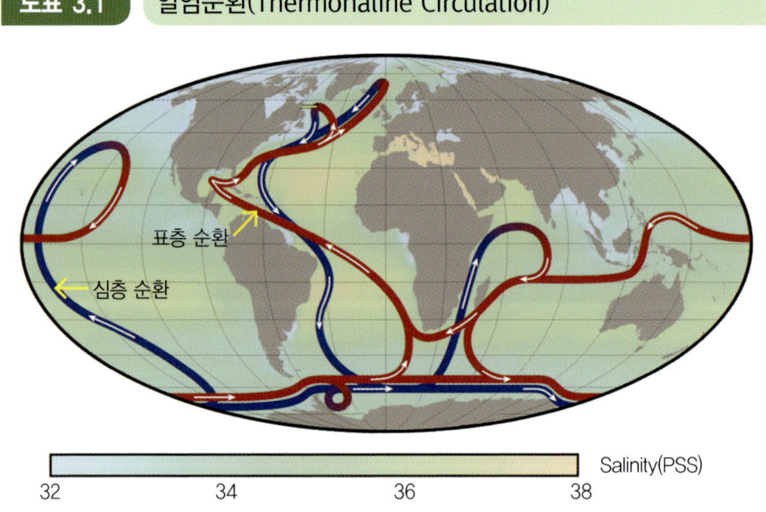

도표 3.1 열염순환(Thermohaline Circulation)

출처: Wikipedia, https://en.wikipedia.org/wiki/Thermohaline_circulation.

〈*Finding Nemo*)〉에서 등장한다. 작품에서는 호주 동북부의 그레이트 배리어 리프(Great Barrier Reef)를 배경으로, 주인공 흰동가리 니모가 호주 동부 해류(EAC: East Australian Current)를 타고 이동하는 장면이 묘사된다. 이처럼 해류 순환은 지구 바다의 보고이며 생명체가 살아갈 수 있는 원동력이 된다.

엘니뇨(El Niño)

엘니뇨는 스페인어로 '어린 남자아이'를 뜻한다. 남아메리카 연안을 따라 흐르는 훔볼트 해류(칠레 해류, 페루 해류)는 심해에 있는 많은 영양분을 수면으로 끌어올리는 용승류로, 대규모 어장을 형성하고 수천만 마리의 바닷새들이 번식할 수 있는 터전을 제공한다. 그러나 이 용승류가 약화되면 연안 수온이 상승하고, 훔볼트 해류 또한 힘을 잃어 하층의 영양 염류 공급이 끊기면서 해수 온도가 평년보다 높아지게 된다. 이러한 현상이 약 6개월 이상 지속되어 해수면 온도가 평균 0.5℃ 이상 올라갈 때 이를 엘니뇨라 한다. 엘니뇨가 발생하면 서태평양에는 고기압, 동태평양에는 저기압이 형성된다. 엘니뇨의 발생 주기는 2년에서 7년 사이로 보통 4년가량 이어진다. 바닷물 온도가 평년보다 2℃ 이상 높아지는 상태가 3개월 이상 지속되는 경우를 '수퍼 엘니뇨'라고 한다.

라니냐(La Niña)

엘니뇨와 반대되는 현상을 라니냐라 한다. 라니냐는 스페인어로 '어린 여자아이'를 뜻한다. 이 현상은 적도 무역풍이 평년보다 강해지면서 발생한다. 그 결과 서태평양의 해수면 높이와 수온이 상승하고, 반대로 적도 동태평양에서는 차가운 심층수가 용승하여 저수온 현상이 강화된다. 열대 중부 태평양의 해수면 온도가 3개월 이동 평균 기준으로 평년보다 0.5℃ 이상 낮아지고, 이러한 상태가 5개월 이상 지속될 때 이를 라니냐라고 한다. 여름철보다 겨울철에 발생하면 동남아시아와 브라질 북부 지역의 강수량이 평년보다 증가하는 반면, 미국 남부 지역은 이상 고온 현상이 발생한다. 미국 서부와 캐나다 서해안 지역은 기온이 크게 떨어져 한파가 발생하는 등 전 세계적으로 다양한 기상이변을 초래한다.

하천(河川, River, Stream)

인류 문명은 물이 풍부한 큰 강 유역을 중심으로 발달해 왔으나, 문명이 진화할수록 자연 생태계에서 살아가는 다양한 식생과 동물들의 터전은 점차 줄어들고 있다. 하천은 규모에 상관없이 육지 표면에서 경사(구배)를 따라 흐르며, 물이 모여드는 물그릇(집수역)과 그 물이 흘러 형성하는 물줄기(물길망, 하계망)를 포함한다. 수로의 바닥과 제방 내에서 연속적으로 흐르는 지표수를 하천이라 하며, 지표수의 특성에 따라 상시하천, 계절하천, 간헐하천으로 구분된다. 일반적으로 규모가 큰 하천은 강이라고 하며, 상대적으로 작고 유량이 적거나 간헐적인 하천은 개울·시냇물로 불린다. 세계에서 가장 긴 5대 하천은 나일강(Nile, 6,650㎞), 아마존-우카얄리-아푸리막강(Amazon-Ucayali-Apurimac, 6,400㎞), 양쯔강(장강, Yangtze, 6,300㎞), 미시시피-미주리-레드록강(Mississippi-Missouri-Red Rock, 6,275㎞), 예니세이-바이칼-셀렝가강(Yenisey-Baikal-Selenga, 5,539㎞)이다. 전 세계 하천의 수로 면적은 48만 5,000~66만 2,000㎢로 추정된다. 이 가운데 일부는 양쯔강처럼 단일 국가를 흐르지만, 나일강처럼 11개 국가를 관통하기도 하여 국가 간 분쟁의 원인이 되기도 한다.

하천은 침식, 운반, 퇴적 작용에 따라 상류·중류·하류로 구분된다. 또한 생물 서식지 특성, 규모에 따른 위계적 구분, 물리·생물 조건, 하상 구배, 경관, 생태적 서식처 등 다양한 기준으로 분류할 수 있다. 하천은 본질적으로 연속적이고 역동적인 생태계로 이해될 필요가 있으며, 인위적인 댐 건설과 정비사업은 하천 지형과 식생 변화에 큰 영향을 미칠 수 있다.

습지(濕地, Wetland)

습지의 생태학적 중요성과 인간에게 유용한 자원으로서의 가치를 인식하여, 1975년 12월에는 최초의 국제협약인 람사르 협약(Ramsar Convention)이 체결되었다. 람사르 협약에서의 습지란 "자연적이든 인공적이든, 영구적이든 일시적이든, 물이 정체되어 있거나 흐르고 있거나, 담수·기수·염수에 관계없이 초본 습지, 알칼리 습원, 이탄지 또는 물로 된 지역을 포함하며, 간조 시 수심이 6m를 넘지 않는 해역까지를 포함한다"고 정의한다. 6m라는 기준은 바다오리류가 잠수하여 먹이 활동을 할 수 있는 최대 수심에 근거한 것이다. 최근에는 이보다 깊은 해양 지역까지 습지의 개념을 확장하여 사용하고 있다. 현재 전 세계 습지 면적은 약 1,210만㎢로, 그린란드 면적과 비슷하다. 이 가운데 54%는 영구 침수지역이고 46%는 계절적 침수지역이다. 지역별 분포는 아시아 32%, 북미 27%, 라틴아메리카 및 카리브해 16%, 유럽 13%, 아프리카 10%, 오세아니아 3%로 나타난다.

습지는 본질적으로 물순환과 기후 조절에 중요한 역할을 하며, 다양한 생물의 서식처로 기능한다. 그러나 농경지 확장, 제방 건설, 갯벌 매립 등 인위적인 개발은 이러한 기능을 약화시켜 습지의 수질 정화와 탄소 저장 능력을 떨어뜨리고, 결국 환경과 기후에 부정적인 영향을 미친다.

호수

물이 육지로 둘러싸여 생성된 장소인 호수는 대부분 북반구 고위도 지방에 분포하며, 염도가 낮은 담수의 형태를 띤다. 이러한 호수는 높은 산에 있는 빙하가 녹아들어 호수가 되기도 하고 인근 지역 주민들에게 중요한 수원 역할을 하기도 한다.

지구환경과 기후변화

호수의 대표적 예로, 티티카카(Titicaca) 호수가 있다. 티티카카 호수의 수면은 1986년 해발 3,811m였으나, 1996년에는 3,807m로 낮아진 기록이 있다. 앞으로도 강수량과 증발량의 변화에 따라 수위 변동이 나타날 것으로 예상된다. 한편, 화산활동으로 형성된 화산호도 있다. 대표적으로 오호스 델 살라도(Ojos del Salado)는 칠레와 아르헨티나 국경 사이 안데스산맥에 위치하며, 해발 6,891m로 세계에서 가장 높은 화산호로 알려져 있다. 이 호수는 담수가 아니라 염분을 포함하고 있다.

호수는 수심이 얕을수록 조류 번식이 활발해지며, 물의 정체가 길어질 경우 부영양화가 쉽게 발생한다. 호수는 또한 기후변화에 따른 수온 변화 및 수위 증감에 민감하다. 가뭄으로 인한 급격한 수위 감소로 인근 지역 급수에 치명적인 영향을 끼치기도 하고, 폭우로 인한 급격한 수위 증가로 산사태가 발생하기도 한다. 이러한 집중호우로 흘려내려 쌓인 토사와 부유물, 바위 등으로 제방, 보행 교량 등이 붕괴되어 순식간에 한 마을이 초토화되는 사례가 증가하고 있는 실정이다. 지속가능한 삶의 터전을 유지하기 위해서는 사전 예방, 신속 대응 및 전방위적 복구 등에 전력을 다해야 할 것이다.

지진해일(地震海溢), 쓰나미(Tsunami)

지진해일 또는 쓰나미는 태양이나 달의 인력으로 발생하는 조석이나 바람에 의해 형성되는 일반적인 파도와는 달리, 바다나 큰 호수에

서 대량의 물이 순간적으로 이동하면서 발생하는 일련의 파동을 의미한다. 지진, 화산 분화, 산사태, 빙하 붕괴, 운석 충돌, 수중 폭발 등 여러 원인으로 발생하는데 일반적인 파도와 달리 파장이 매우 길다는 특징을 가진다. 쓰나미(tsunami)라는 용어는 일본어 '津波(つなみ)'에서 유래했으며, 문자 그대로는 '항구의 파도'를 뜻한다. 일본에서 오래전부터 사용되던 이 표현은 20세기 이후 국제적으로 확산되어 오늘날 전 세계적으로 통용된다. 대표적인 사례로 2004년 인도양 지진해일을 들 수 있다. 이 지진해일은 역사상 가장 많은 사망자를 초래한 자연재해로 기록되었다. 당시 인도판이 옆으로 밀리면서 해저가 수 미터 상승하였고, 이로 인해 약 30㎦에 달하는 해수가 이동하며 파괴적인 해일이 형성되었다. 초기에는 모멘트 규모(moment magnitude) 8.8로 측정되었으나, 이후 2005년 2월 과학계 연구 결과에 따라 규모 9.0으로 상향 조정되었다.

한편, 쓰나미는 본질적으로 지질학적 요인에서 비롯되지만, 기후변화와도 간접적인 관련이 있다. 지구온난화로 인한 강력한 태풍(북서태평양에서 발생), 허리케인(북동태평양, 중태평양 및 북대서양에서 발생) 및 사이클론(인도양, 남태평양, 호주 근해 및 지중해에서 발생)이 동시다발적으로 증가하고 있고, 이로 인해 발달한 쓰나미 또한 강력해질 수 있다. 따라서 쓰나미는 단순히 지질 재해에 국한되지 않고, 기후변화와 결합할 때 피해 규모가 더욱 커질 수 있는 복합적 재난으로 이해할 필요가 있다.

숲(Forest)

숲이라는 단어는 라틴어 'foris'에서 유래하였으며, 이는 '외부'를 뜻한다. 관련어인 'forestare'는 '출입을 금하다', '출입 금지 장소', '배제하다'라는 뜻이 있다. 8세기 카롤루스 대제 때 '숲'은 칙령에 의해 출입이 금지된 땅을 의미하는 용어로 사용되었으며, 이후 19세기 초·중반이 되어서야 유럽대륙에서 전문적인 임학의 과학적 산림 경영 관행들이 개발되면서, 숲을 나무로 덮인 땅으로 인식하는 것이 일반화되었다. 유엔 식량농업기구(FAO)는 숲을 다음과 같이 정의한다. 수관이 10% 이상 덮여 있고 면적이 0.5헥타르 이상인 토지로, 나무들이 원위치에서 다 자랐을 때 최소 5미터 이상의 높이에 도달해야 한다. 정의에 이어, 숲은 식생의 특성과 생육 조건에 따라 침엽수림, 활엽수림, 혼합림으로 구분된다. 이 분포는 토양, 기후, 고도, 경사, 수분, 영양 염류, 햇빛 등 다양한 환경 요인에 따라 달라진다.

숲(임야, 삼림)은 지구 전체 면적의 약 9.5%, 육지 면적의 약 30%를 차지한다. 물의 순환, 토양의 생성과 보존에 영향을 주며, 다양한 생물들의 서

▲ 설악산(오세암에서 봉정암길)

식지로 기능한다. 예를 들어, 숲은 1헥타르(hectare, 0.01㎢)당 약 44명이 1년 동안 호흡할 수 있는 산소를 공급하며, 연간 약 68톤 정도의 먼지를 걸러낼 수 있다. 또한 온대 지역에 자라는 낙엽활엽수를 대상으로 한 조사에 따르면, 나무의 종류에 따라 하루에 최소 100리터에서 최대 700리터에 이르는 수분을 배출하는 것으로 나타났다. 식물이 흡수한 물 중 단 1%만이 생리적 대사나 체내 유지에 사용되고, 나머지는 양분을 남긴 채 대부분 공기 중으로 증산된다. 이러한 과정을 통해 숲은 막대한 양의 수분과 산소를 끊임없이 공급하며, 지구 생명체가 살아갈 수 있는 환경을 유지하는 데 핵심적인 역할을 한다.

생산자로서의 식물은 태양광을 에너지원으로 사용하여 유기물을 합성하는 광합성을 수행하며, 무기태의 탄소를 이용해 동화물질을 만드는 탄소동화작용, 대기 중의 탄소를 유기태로 고정하는 탄소고정 등을 통해 탄수화물$(CH_2O)n$과 산소(O_2)를 생성한다. 식물이 만들어 낸 유기물의 수분을 제외한 순수한 질량은 건중량(dry weight) 또는 바이오매스(biomass)라고 하며, 이는 식물이 공기 중의 이산화탄소를 흡수하여 탄수화물 형태의 유기탄소로 전환한 양을 의미한다. 식물에 의한 태양에너지의 전환 효율은 일반적으로 1~5%(흔히 2~3%)에 불과하며, 이 중 일차소비자에 의한 식물의 소비는 전체 생산량의 10% 미만이다. 생물들이 섭취한 물질은 대사 과정을 거쳐 에너지로 전환되며, 그 효율은 각 영양단계, 생물 종류, 먹이의 질에 따라 상이하지만 대체로 10% 안팎이다. 이러한 생태학적 효율(ecological efficiency)은 생태계 유형에 따라 5%에서 최대 35%까지 다양하며, 영양단계가 높아질수록 개체수는 줄고 중금속 등 유기오염물질이 잔

    지구환경과 기후변화

▲ 발왕산 눈 덮인 정상 숲 전경

류되어 더 높은 농도로 농축되어 에너지 효율이 저하된다.

　시간에 따른 생물 군집이 환경변화에 반응하며 새로운 군집으로 바뀌게 되는데, 이를 '생태적 천이'라고 한다. 특히 숲에서 이러한 변화가 일어나는 과정을 '숲 천이'라고 한다. 이러한 숲은 산불이나, 홍수, 벌채 등과 같은 다양한 교란 요인에 의해 그 발달이 정지되거나 파괴되는 경우가 많다. 이러한 교란에 대응하고 생태계의 기능을 유지하기 위해서는 식물종과 생물종의 다양성을 체계적으로 관리하는 것이 필요하다. 생물종은 생태계를 구성하는 핵심 요소이며, 그 다양성과 균형은 생태계의 회복력과 지속가능성을 좌우한다. 생태계는 다양한 생물과 환경 요소가 유기적으로 연결된 구조로 이루어져 있다. 분자(molecular)와 유전자(gene)를 기반으로 한 세포(cell), 조직(tissue), 기관(organ) 수준의 생명 활동은 개체(individual)를 형성하고, 이는 다시 개체군(population), 군집(community), 그리고 최종적으로 군계(biome)로 이어진다. 이러한 구조 속에서 각각의 생물종은 고유한 생태적 지위를 가지며, 특정 종이 사라질 경우 전체 생태

▲ 국립수목원(포천)

계의 균형이 무너질 수 있다.

미국의 초기 환경사상가로 평가받는 조지 퍼킨스 마시(George Perkins Marsh, 1801~1882년)는 헐벗은 지중해 유역을 보고 미래의 자원 안보를 위해 숲을 보호해야 한다는 필요성을 절감하였다. 그는 저서 『인간과 자연(*Man and Nature*)』을 통해 인간 활동이 지구환경에 미치는 영향을 경고하고, 그 위험성을 인식하여 해결책을 모색해야 한다고 주장하였다. 특히 인간에 의한 삼림 벌채가 사막화로 이어질 수 있다고 강조하였다.

숲은 이산화탄소를 흡수하여 광합성량이 늘어나 산림 식생이 증가하면 대기 중 이산화탄소가 줄어들고 기온 또한 감소하는 효과가 나타나 기후 온난화를 늦춰주는 매우 중요한 역할을 한다. 인류는 사막지역에 도시를 세워 농토를 개간하기도 하지만 풍부한 식용 열매와 먹거리를 제공하는 산림지대인 숲을 대체할 수는 없다. 인류의 문명화가 진행될수록 가장 극적인 변화가 생기는 곳 또한 숲이다. 벌목으로 인한 숲 파괴는 갈수록 커져만 가고 있다. 세계 산림면적은 1990년부터 2000년까지 10년간 9,390만 헥타르가 감소하였다. 이는 연평균 약 939만 헥타르씩 감소한 것으로 주로 아프리카와 라틴아메리카에

지구환경과 기후변화

서 산림이 감소하고 있다. 숲이 사라지면 생물종이 감소하게 되어 생물다양성의 변화가 생기고 산림재해 발생 빈도 증가와 더불어 이산화탄소 흡수원도 사라지게 되어 지구온난화가 가속되고 인류의 먹이 생태계 균열 또한 더욱 심화될 것이다. 현재 인류의 '숲 가꾸기' 노력에도 불구하고 산림 훼손은 심각한 수준으로, 이러한 인간에 의한 인위적인 개발, 지구온난화로 인한 기후변화 및 서식지 파괴로부터 기인하는 생물종 멸종을 방지하기 위해서 다양한 모니터링 방안이 필요하다. 이는 곧 숲과 생태계를 단순한 자원으로 보는 관점을 넘어서, 인류의 생존과 직결된 필수적 환경 요소로 인식하고, 장기적인 관점에서의 보전과 관리가 이루어져야 함을 시사한다. 특히 인간에 의한 인위적 개발을 늦춰야 하며, 지구온난화로 인한 기후변화 저감 노력에 동참하고 서식지 파괴로부터 비롯되는 생물종 멸종 방지를 위해 다양한 방안을 강구해야 한다.

석탄(石炭, coal)

육상식물의 진화와 확산은 생명의 역사에 새로운 시대를 열었다. 특히 고생대 말엽인 석탄기에는 대규모 숲이 형성되면서 암석의 풍화작용을 급격히 가속화시켰다. 석탄은 셀룰로스와 리그닌을 주성분으로 한 수목이 두껍게 쌓인 뒤, 그 위에 작용한 압력으로 인해 탄화되어 형성된 퇴적암이다. 이는 지층 내에 층상으로 존재하는 식물의 유해(遺骸)로, 연료로 사용할 수 있으며, 탄화 정도에 따라 이탄, 토탄, 갈탄, 역청탄, 무연탄 등으로 나뉜다. 풍화작용 과정에서 대기 중의 이 산화탄소는 암석 풍화 과정에서 용해되어 규산칼슘과 마그네슘 규산 염과 반응하여 탄산칼슘과 탄산마그네슘의 형태로 심해에 가두어졌 다. 이러한 과정은 데본기 중기부터 석탄기까지(약 3억 8500만 년 전 ~3억 년 전) 이어지며 대기 중 이산화탄소 농도를 약 10분의 1 수준 으로 줄였고 지구의 기후에 영구적인 변화를 초래했다. 석탄은 주로 탄소로 이루어져 있으며, 약 6,000~8,000kcal/kg에 달하는 높은 열 량을 지닌 중요한 에너지 자원이다. 그러나 그 안에는 수소·산소·유 황 등이 들어 있어 연소될 때는 이산화황(SO_2), 이산화탄소(CO_2) 등 의 가스를 배출하게 되며, 이는 대기 오염과 지구온난화를 일으켜 기 후변화를 초래한다.

빙권(Cryosphere)

빙권은 물이 고체 형태로 존재하면서 지표나 해양에서 눈과 얼음으로 덮여 있는 지구 표면 부분을 총칭하는 포괄적인 용어이다. 빙권은 태 양빛을 반사하여 대기 온도를 낮추는 역할을 하는 한편, 눈과 빙하가 녹으면서 해수면을 상승시켜 지구에 살아가는 생명체에 직접적인 영 향을 미치기도 한다. 앞으로 기후변화와 밀접하게 연결된 물의 상태 와 빙하의 특성에 대해 살펴보고자 한다.

물의 생성

태양계에서 지각 표면에 액체 상태의 물을 품고 있는 행성으로는 지구가 유일하다. 우주에서 생명체가 살아가기 적합한 환경, 즉 '생명 가능 영역(HZ: Habitable Zone)' 또는 '골디락스 영역(Goldilocks Zone)'이 되기 위해서는 행성이 태양으로부터 액체 상태의 물이 존재할 수 있을 만큼 알맞은 거리에 위치해야 한다. 그리고 중심별의 질량이 적당하여 수명이 길고, 안정적인 자전축을 가지고 있어야 한다. 더불어 대류권에 대기가 있어서 수증기를 순환시켜 기후를 조절하면서 자외선을 차단하는 오존층과 태양풍 및 우주선을 막아주는 내부 자기장 등 온도 조절 체계를 갖추어야 한다. 또한 행성의 질량이 지나치게 작으면 대기를 붙잡을 수 없으므로, 최소 질량은 지구 질량의 약 2.7% 이상이어야 한다.

그렇다면 지구에 물은 언제, 어떤 경로로 나타났을까? 이에 대해 여러 가설이 제기되어 왔다. 먼저 물의 '자체생성설'은 지구 형성 초기에 암석 속에 물이 포함되어 있었으며, 이후 화산 폭발을 통해 방출된 수증기가 대기를 포화시키고 장기간의 강수로 바다가 형성되었다는 주장이다. 2001년 미국의 지질과학자 스티븐 모지스(Stephen Mojzsis, 1965년) 등은 약 43억 8,000만 년 전에 생성된 것으로 추정되는 지르콘(Zircon, $ZrSiO4$)을 분석한 결과, 지구가 형성되던 초기에도 물이 존재했다는 증거를 제시하였다. 지르콘은 분석 결과 마그마가 물에 의해 급격히 냉각되는 환경에서 형성된 것으로 밝혀져, 지구가 초기부터 메마른 별이 아니라 액체 상태의 물을 지닌 행성이었음을 시사한다.

두 번째는 혜성충돌설이다. 46억 년 전 태양에 가까웠던 지구는 금속과 암석으로 이루어진 뜨겁고 건조한 행성이었는데, 얼음을 가지고 있던 혜성들이 지구와 충돌하면서 바다를 형성했다는 가설이다. 실제로 지구 근처를 지나는 혜성에서 얼음이 확인되면서 이 가설은 한때 신뢰를 얻었다. 그러나 혜성의 물과 지구 바닷물의 동위원소 비율이 다르다는 점이 문제로 지적되었다. 다만 카이퍼 벨트(Kuiper Belt)의 일부 소행성에서 지구 물과 일치하는 동위원소 비율이 발견되었고, 2004년 유럽우주국(ESA)이 발사한 혜성 탐사선 로제타(Rosetta)가 수집한 자료에 따르면, 혜성이 지구 물의 기원에 일정 부분 기여했을 가능성은 여전히 남아 있다.

세 번째는 소행성 기원설이다. 이 가설에 따르면 지구의 바다는 행성 간 중력 작용의 결과 형성되었다. 화성과 목성 사이에는 지름이 수백 킬로미터에 달하는 소행성이 다수 존재하는 소행성대(Asteroid Belt)가 있다. 이 소행성대에서 발견된 물과 지구의 물이 같은 이유는 목성의 강력한 중력으로 소행성들이 충돌하고 뒤섞이면서 지구가 탄생했으며, 그 속에 물을 다량 함유한 소행성이 포함되었기 때문이라는 것이다.

최근에는 태양풍 기원설도 제시되었다. 2003년 발사한 소행성 탐사선 하야부사(Hayabusa, 송골매)가 이토카와(Itokawa) 소행성에서 샘플을 채취해 2010년에 귀환하였다. 영국 글래스고대와 호주 커틴대 공동 연구팀은 이 소행성 암석 입자들을 분석한 결과 태양풍을 쬔 감람석 알갱이에서 물과 수산기(Hydroxyls)가 존재함을 발견했다.

   지구환경과 기후변화

▲ 완도 정도리 구계등 몽돌해변 전경

실험을 통해 규산염 표면에 수소 이온을 쬐면 물 분자가 생긴다는 것을 확인하면서, 2021년 연구팀은 태양풍이 소행성 먼지의 규산염 성분과 반응해 물을 생성했을 가능성을 발표했다. 이는 소행성 표토에 일정한 양의 물이 포함되어 있으며, 이러한 과정이 우리 은하계 곳곳에서 일어날 수 있음을 시사한다.

결국, 지구의 물이 정확히 어떤 기원을 통해 형성되었는지는 아직 완전히 규명되지 않았다. 혜성, 소행성, 태양풍 등 여러 경로가 복합적으로 작용했을 수 있다. 그러나 중요한 사실은 지구 표면이 지나치게 뜨겁지 않아 물이 모두 증발하지 않았고, 온실효과 덕분에 액체 상태의 물이 장기간 유지될 수 있었다는 점이다. 이는 생명체가 살아갈 수 있는 환경을 가능하게 한 우연이자, 지구가 지닌 특별한 축복이라 할 수 있다.

물의 형태

지구의 모든 생명체는 물(H_2O)을 필요로 하며, 물 없이는 살아갈 수 없다. 물은 두 개의 수소 원자와 하나의 산소 원자가 결합해 약 104.5° 구부러진 구조를 가지며, 이는 산소의 비공유 전자쌍이 전자쌍을 밀어내어 형성된다. 표준 온도와 압력(SATP: Standard Ambient Temperature and Pressure, 25℃, 1bar)에서 액체 상태의 물은 무색·투명하고, 무취·무미하다. 성인의 몸은 약 70%, 사춘기 이전 어린이는 약 90%, 어류는 약 85%, 그리고 수생 미생물은 약 95% 정도가 물로 이루어져 있다.

물은 온도와 압력 조건에 따라 세 가지 상태로 존재한다. 0℃, 1기압에서 액체 상태의 물은 고체인 얼음으로 변하며, 이때 물 분자 사이의 수소 결합이 강해지면서 육각 구조를 만들고, 그 사이에 빈 공간이 생기면서 부피가 약 10% 정도 증가한다. 경우에 따라 물은 액체 상태를 거치지 않고 수증기에서 바로 얼음으로 승화되기도 하며, 뜨거운 물이 찬물보다 더 빨리 어는 음펨바 효과(Mpemba Effect)가 나타나기도 한다. 반대로 액체 상태의 물이 열에너지를 흡수하여 100℃에서 수증기로 기화하면, 부피는 액체 상태일 때보다 약 1,244배 증가한다. 기압이 낮아질수록 끓는점은 더 낮아지지만, 심해 열수구 주변의 물처럼 높은 압력 환경에서는 100℃에서도 여전히 액체 상태를 유지할 수 있다.

물의 밀도 또한 독특한 성질을 지닌다. 순수한 물은 4℃에서 약 1.0 g/㎤로 최대 밀도를 보이며, 0℃에서는 0.9998g/㎤ 정도이다. 같은 온도의 얼음은 약 $0.9167g/cm^3$로, 액체 상태의 물보다 약 8% 밀도가 작다. 해수는 염분을 포함해 더 높은 밀도를 가지며 보통 $1.024\sim1.030g/cm^3$ 범위에서 변한다. 이로 인해 바다에서는 물과 얼음의 밀도 차는 약 10%에 달한다. 그 결과 빙원이나 빙산의 10%가 해수면 위로 떠오르게 된다.

물은 상태가 변할 때 온도 변화 없이 열을 흡수하거나 방출하는데, 이를 잠열이라 한다. 예를 들어, 0℃에서 얼음 1kg을 녹이려면 80kcal의 잠열(융해열)이 필요하고, 100℃의 물 1kg이 수증기로 변하기 위해서는 539kcal의 잠열(기화열)이 필요하다. 이때 1kcal(킬로칼로리, kcal)는 물 1kg의 온도를 1℃ 올리는 데 필요한 열량을 의미한다.

이러한 잠열은 거대한 열 저장소 역할을 하며 기후변화의 완충제 역할을 한다. 예를 들어, 여름철 강렬한 햇빛 아래서 해빙이 녹더라도

Gemini(AI 생성) 활용 및 편집

완전히 사라지지 않는 한 표면 부근의 기온은 0℃로 유지되고, 해빙 아래 수온도 0℃로 유지된다. 이처럼 해빙은 지구의 기후를 조절하는 시스템으로 작동하며, 온도 순환을 안정시키는 데 기여한다.

빙하(氷河, Glacier)

물은 0℃, 1기압에서 얼고 100℃에서 끓으며, 4℃에서 가장 큰 밀도를 가진다. 이 성질 덕분에 겨울철 호수가 얼어도 표면만 얼고 아래는 물이 남아 다양한 생명체가 살아갈 수 있다. 빙하는 눈이 녹지 않고 수백 미터에서 수 킬로미터에 이르도록 쌓여, 오랜 시간에 걸쳐 단단한 얼음층을 형성한 거대한 얼음 지형이다. 빙하는 규모와 위치에 따라 다양한 형태로 구분된다. 예를 들어, 권곡빙하(Cirque Glacier)는 빙식곡 상부의 반원형 권곡 내에 형성되는 비교적 작은 빙하를 가리킨다. 반면, 대륙 전역에 걸쳐 발달하는 대규모 빙하는 대륙빙하(Continental Glacier)라 하며, 대표적으로 남극 대륙의 빙하가 있다. 빙하는 온도 조건에 따라서도 나뉜다. 겨울철을 제외하면 빙하 전체의 온도가 0℃에 가까운 것을 온난빙하(Temperate Glacier)라 하고, 반대로 0℃ 이하의 낮은 기온이 유지되는 지역의 빙하는 한랭빙하(Polar Glacier)라 한다. 추운 겨울이 되면 흔히 보는 얼음은 북극과 남극뿐 아니라 안데스와 히말라야와 같은 고산지대에서도 만년설과 다년간 쌓인 빙설로 나타난다. 이러한 빙설은 고산지대 인근에 거주하는 주민들에게 농업 용수와 마실 물을 제공하는 주요 수원으로서 중요한 역할을 한다.

지구환경과 기후변화

▌빙상(氷床, Ice sheet)

얼음이 넓은 면적에 수만km² 규모(보통 50,000km² 이상)로 쌓여 형성된 거대한 얼음층을 빙상이라 말하며, 두께가 최대 약 4,800m에 이른다. 현재 빙상은 그린란드와 남극에 존재하고 이 가운데 최대 규모의 남극 빙상은 남극 지표의 98%를 덮고 있다. 남극 빙산의 담수량은 지구 전체 담수량의 60%가 넘으며, 만약 이 빙상이 모두 녹아 바다로 흘러들 경우 해수면은 약 60m 상승할 것으로 추정된다. 빙상의 하부에 위치한 얼음의 나이는 최대 백만 년이 이상으로 추정되며, 실제로 약 80만 년 전의 얼음까지 시추된 바 있다. 이렇게 시추된 얼음의 크기는 한반도 면적(약 22만 ㎢)의 4분의 1 정도의 얼음 덩어리를 상상하면 된다.

빙붕(氷棚, Ice shelf)

빙붕은 대륙에서 형성된 빙하나 빙상 층이 중력에 의해 바다 쪽으로 흘러내리다가, 해수면에 도달했을 때 가라앉지 않고 바다 위에 떠서 넓고 두꺼운 얼음판처럼 퍼져나간 것이다. 빙붕의 두께는 대략 50m 에서 최대 600m에 이른다. 대표적인 사례로, 남극의 라르센 B 빙붕 (Larsen B Ice Shelf)은 약 3,250km^2 면적에 두꺼운 얼음으로 이루어져 있었다. 이 빙붕은 약 1만 년 전 마지막 빙하기 이후 홀로세 동안 안정된 상태를 유지해 왔으나, 2002년 1월 31일부터 불과 두 달 사이인 3월까지 완전히 붕괴되었다. 현재 일부 잔재는 남아 있지만, 그 급격한 붕괴 원인은 아직 연구 중이며, 과도하게 누적된 호수가 주요 원인일 것으로 추정된다. 지구온난화는 지구 기온 상승과 더불어 빙붕의 녹는 속도 또한 증가시키고 있다. 해수면 상승으로 인류의 해변 침식은 가속화되고 해변 인근 주민의 이주는 계속 이어지고 있다.

빙산(氷山, Iceberg)

빙산은 물 위에 떠 있는 거대한 얼음 덩어리로, 일반적으로 높이가 5m 이상일 때를 가리키며, 5m 미만의 작은 얼음은 유빙(流氷, drift ice)이라 부른다. 빙산은 주로 두 가지 방식으로 형성된다. 첫째, 빙붕이 무너져 바다로 떨어지면서 만들어지는 경우, 둘째, 빙하가 바다까지 흘러내려 와 끝부분이 자연스럽게 떨어져 나가면서 형성되는 경우이다. 이렇게 생성된 빙산은 항해 중인 선박에 충돌 위험을 주어 잠

재적 해상 안전 위협 요소로 작용하기도 한다. 이러한 빙하, 빙상 및 빙붕 등지에서 겨울철 추운 해수면의 물과 얼음의 경계면은 −1.8℃, 얼음과 공기의 경계면은 −30℃로 온도 구배가 매우 크다. 겨울철 해빙 위에 갓 쌓인 신선한 눈은 태양빛을 강하게 반사하여 알베도(반사율)가 0.8∼0.9에 이르며, 이는 태양 복사의 80∼90%를 반사한다. 그러나 시간이 지나면서 눈 위에 먼지가 차츰 쌓이고 여름이 되면 알베도는 0.4∼0.7로 낮아진다.

빙하기는 대륙빙하(빙상)가 크게 확장되어 한랭한 기후가 나타나는 시기를 말한다. 이러한 빙하기 중에서 기후가 더 추워져 빙하가 확장되는 시기를 빙기라 하며, 반대로 빙기 사이의 기후가 온화한 시기는 간빙기라고 한다. 지구의 역사 속에는 오늘날보다 더 추운 시기가 있었던가 하면, 반대로 더 따뜻한 시기도 존재했다.

지구 행성이 약 45억 4,000만 년 전에 형성되었으며, 대략 38∼41억 년 전 최초의 생명체가 발생한 것으로 추정된다. 당시에는 얼음이 존재하지 않았고, 일부 액체 상태의 물이 있었던 것으로 보인다. 약 37억 6,000만 년 전, 그린란드 서쪽에서 발견된 흑연으로 이루어진 화석 암석에서 원시 유기체를 발견하게 되었다. 약 5억 8,000만 년 전까지 미세한 단세포 유기체로 존재하다가, 약 20억 년 전에는 광합성을 할 수 있는 최초의 유기체가 등장했다.

광합성은 태양 복사에너지와 이산화탄소를 흡수해 유기물을 합성하고 산소를 방출하는 과정이다. 이로 인해 지구 대기 중 산소가 점차 축적되었으며, 선캄브리아기(명왕누대·시생누대·원생누대) 말기인 약 5억 4,400만 년 전, 단단한 뼈가 없거나 연약했던 생물체들이 출현했다. 이어 약 4억 8,800만 년 전 캄브리아기에는 다양한 생물군이 급격히 등장하는 '캄브리아기의 대폭발'이 일어났다. 캄브리아기 시기부터 현재까지는 현생누대로 고생대(캄브리아기, 오르도비스기, 실루리아기, 데본기, 석탄기, 페름기), 중생대(트라이아스기, 쥐라기, 백악기), 신생대(고제3기, 신제3기, 제4기)로 이어졌다. 현생인류가 진화한 플라이스토세를 거쳐 인류 문명이 시작되어 현재까지 이어지는 홀로세(Holocene)에 이르렀다.

눈덩이 지구(Snowball Earth)

약 24억 년 전부터 23억 년 전까지 이어진 최초의 빙하시대인 휴런 빙기(Huronian glaciation)는 광합성이 출현하기 전, 대기 중 산소가 부족했던 시기에 발생하였다. 이후 약 8억 년에서 6억 년 전 선캄브리아 말엽, 1992년 캘리포니아 공과대학의 조셉 커쉬빙크(Joseph Kirschvink) 교수가 제안한 '눈덩이 지구(Snowball Earth)' 이론은 지구 전체가 얼어붙어 우주에서 하얗게 보였다는 가설로, 큰 논란을 불러일으켰다. 이 이론은 눈덩이 지구가 어떻게 형성되고, 얼마나 지속되며, 또 어떻게 해소되었는지에 대해 여전히 많은 의문을 남기고 있다.

지구는 화산활동과 바다의 이산화탄소 흡수작용으로 현재보다 따뜻한 상태를 유지할 수 있었지만, 이러한 활동이 둔화되면 갑작스러운 한랭화가 일어날 수 있다. 실제로 1960년대 남아프리카 남부 나미

지구환경과 기후변화

비아 등지에서 발견된 빙하 퇴적물은 당시 그 지역이 적도 부근에 있었음을 보여주며, 급속한 침전이 일어났음을 입증했다. 눈덩이 지구의 평균 기온은 약 −50℃ 정도로 추정되며 가장 따뜻한 적도 지역은 −20℃에 불과했던 것으로 추정된다. 이후 지구 역사에서 몇 차례 눈덩이 지구 상태가 반복되었고, 빙하시대는 약 1만 2,000년 전에 종료되었다.

현재 지구는 180만 년 전부터 시작된 제5빙하기에 속하지만, 빙하기 중에서도 온난한 간빙기(지구 평균 온도 15~16℃)에 해당하며, 남극과 그린란드에 여전히 빙상이 있어 대륙 빙하의 일부가 뻗어 있다고 판단하여 빙하기로 분류되기도 한다. 이 때문에 간빙기 중에서도 최종 빙기 종료 후부터 현재까지의 기간을 후빙기라고 부르기도 한다. 빙하기와 간빙기가 주기적으로 반복된 것은 약 600만 년 전까지 거슬러 올라가며, 그 이전 시기는 대체로 매우 온난했던 것으로 추정된다. 이 중에서도 눈덩이 지구는 드물지만 극단적인 현상에 해당한다.

한편, 고생대 이후 지구 평균 표면 온도 변화를 분석한 주드(E. J. Judd)의 연구에서는, 기후변화가 동·식물의 진화에 미친 영향을 규명하기 위해 지난 5억 년 동안의 지구 평균 표면 온도를 프록시 데이터(Proxy data, 과거 기후 상태를 알려주는 지시자 자료)와 기후 모델링을 결합하여 재구성하였다. 연구 범위는 신생대(Cenozoic, 약 6,600만 년 전)에서 현생누대(Phanerozoic Eon, 약 5억 3,900만 년 전)까지 확장되며, 이 과정을 통해 장기간의 기후 변동 양상이 드러났다. 지구 평균 표면 온도는 11℃에서 36℃ 사이에서 변동했으며, 이산화탄소가 주요한 온실효과를 이끌어 온난화를 유발했음을 확인하였다. 지구의 한랭기와 온난기는 교차하며 진행되어 왔으나, 화석연료 사용으로 증가한 온실가스가 온난화를 가속화하면서 일부 과학자들은 이러한 상황이 지구가 새로운 빙하시대로 접어드는 것을 막고, 오히려 과거의 온난했던 상태로 되돌릴 수 있다고 주장한다. 과연 생명체가 살기 알맞은 온난한 지구가 영원히 지속될 수 있을지 의문으로 남아있다.

지구환경과 기후변화

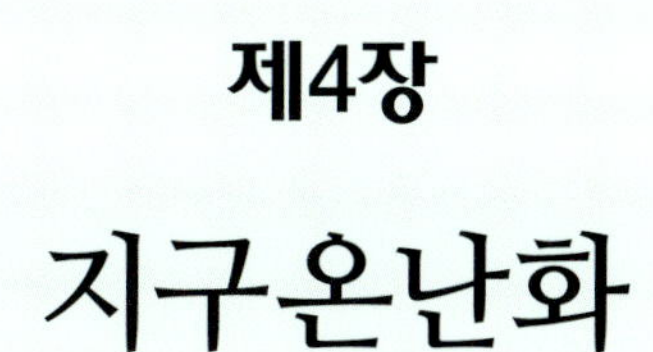

제4장

지구온난화

지구온난화는 지구 대기권의 기온이 상승하는 현상을 뜻한다. 단순한 용어로는 그 의미가 제한적으로 보일 수 있지만, 기후적 관점에서 보면 현재 지구의 급속한 온난화는 생명체의 생존을 위협하는 심각한 문제로 이해하는 것이 타당하다. 따라서 지구온난화로 인한 다양한 쟁점을 살펴볼 필요가 있다.

인류세(人類世, Anthropocene)

오늘날 인류의 인공적인 활동은 지구의 지질과 생태계에 큰 변화를 초래하였다. 기후변화, 생물 멸종, 각종 오염, 자연재해 등으로 말미암은 이러한 현대 지질 시대의 극적 변화를 강조하기 위해 '인류세(人類世, Anthropocene)'라는 새로운 용어가 등장했으며, 자연과학, 인문사회학, 나아가 일반 대중 사이에서도 그 의미를 두고 활발한 논의가 이어지고 있다. 인류세라는 용어는 1980년대 미국의 생물학자 유진 스토머(Eugene F. Stoermer)가 처음 사용하였고, 이 용

어의 중요성을 널리 전파한 사람은 네덜란드 대기화학자 파울 크뤼천
(Paul Jozef Crutzen, 1933.12.3~2021.1.28)이다. 두 사람은 2000
년 국제 지구권-생물권 프로그램(IGBP: International Geosphere-
Biosphere Programme) 뉴스레터(Newsletter)에 공동 기고하면서
인류세라는 개념을 공식적으로 처음 제시하였다. 크뤼천은 1970년
토양 미생물에서 발생하는 질소산화물이 성층권의 오존 농도에 영향
을 미쳐 오존층을 파괴한다는 사실을 규명하였고, 이 업적으로 1995
년에 노벨 화학상을 수상하였다.

현재 인류가 살아가고 있는 홀로세(Holocene)는 약 1만 1,700년
전 마지막 빙기가 끝난 뒤 시작된 간빙기로, 이는 그린란드 빙하 시추
시료 분석을 통해 규명된 것이다. 우리는 여전히 홀로세라는 지질 시
대에 속해 살고 있지만, 인류세라는 용어의 사용에는 지구 기후변화
에 대한 위기의식을 반영하고 능동적으로 지구온난화에 대응하려는
의도가 담겨 있다. 이러한 이유로 인류세의 시작 시점을 어디로 볼 것
인지를 두고 논란이 크다.

인류세의 기점을 둘러싼 여러 견해가 제시되어 왔다. 농경과 산림
벌채의 시작, 1492년 신대륙 발견 이후 본격화된 대륙 간 생물군 교
류, 19세기 산업혁명과 화석연료 사용의 급증, 그리고 1950년대 이
후의 인구폭발 등이 대표적이다. 지질학적으로 인류세는 아직 공식적
으로 승인된 시대 구분은 아니지만, 화석연료 사용이 폭발적으로 증
가한 시점부터 산업 활동으로 인한 대기 및 수질 오염, 산림 파괴, 생
물 종의 멸종, 자연재해, 기후변화가 심각해진 것은 분명한 사실이
다. 이에 따라 환경 복원의 필요성이 절실히 제기되면서, 인간 중심적

　　　　　　　　　　　　　　　　　지구환경과 기후변화

문명에서 자연과 조화를 이루는 문명으로 전환해야 한다는 요구가 커지고 있다. 이미 사회 전반적으로 '인류세'라는 용어가 널리 사용되고 있으며, 이는 지구를 보전하고 파괴된 환경을 복원하기 위한 경각심을 일깨우는 역할을 한다. 가까운 미래에 온실가스 농도를 산업혁명 이전 수준으로 되돌리기 위해서는 과학계뿐 아니라 정치와 사회 전반에 걸쳐 전 인류의 다양한 노력이 필요하다.

온실효과(溫室效果, Greenhouse Effect)

태양은 지구 질량의 33만 배에 달하며 표면 온도는 약 6,000℃로, 막대한 복사 에너지를 방출한다. 이 에너지는 지구의 알베도(0.3)에 따라 일부는 흡수되고 일부는 반사된다. 달의 평균 온도가 약 −18℃인 것은 대기가 없기 때문이며, 지구에도 대기가 없다면 달처럼 생명체가 살아가기 어려운 환경이 되었을 것이다.

유리 온실이 태양의 단파 복사를 통과시키고 장파 복사를 차단해 내부를 따뜻하게 유지하듯, 지구 대기의 특정 기체도 같은 역할을 한다. 대기는 지표에서 방출되는 장파 복사의 일부를 흡수하면서 태양에서 오는 단파 복사는 대부분 통과시켜, 지구 평균 기온을 약 15℃로 유지하게 한다. 이러한 현상을 온실효과라고 한다.

온실효과는 두 가지로 구분된다. 하나는 지구 생명 유지에 필요한 적절한 온도를 유지하는 '자연적 온실효과'이고, 다른 하나는 인간 활동으로 온실가스가 늘어나 기온이 지나치게 오르는 '인위적 온실효과’이다. 특히 후자의 결과로 나타나는 평균 기온 상승 현상을 ‘지구 온난화’라고 부른다. 지구온난화는 산업혁명 이후 화석연료 사용으로 온실가스가 급격히 증가하면서 두드러지게 나타났으며, 1988년 NASA의 기후과학자 제임스 핸슨(James Hansen)이 미국 상원 청문회에서 이를 증언하면서 널리 알려졌다.

지구 대기의 온실효과를 일으키는 주요 기체는 수증기(H_2O, 약 72%), 이산화탄소(CO_2, 약 9%), 메탄(CH_4, 약 4%), 오존(O_3, 약 3%)이며, 이 외에도 아산화질소(N_2O), 염화불화탄소(CFCs), 과불화탄소(PFCs), 육불화황(SF_6) 등이 있다. 이 가운데 특히 인위적으로 증가한 온실가스, 예를 들어 CFCs(염화불화탄소)와 할론(Halon) 등은 오존층 파괴의 주된 원인으로 지목되어, 1987년 채택된 몬트리올 의정서(Montreal Protocol)에 따라 사용과 생산이 제한되었다.

이산화탄소는 고도에 따른 변화가 거의 없이 일정하게 분포한다. 수증기는 대류권에서 점차 줄어들다가 중간권에서는 일정한 농도를 유지한다. 오존은 성층권에서 가장 농도가 증가하다가 중간권으로 올라갈수록 감소한다. 아산화질소는 메탄에 비해 중간권부터 고도가 높아질수록 농도가 뚜렷하게 줄어든다. 태양 에너지가 지구 표면에 도달할 때 기준 면적에 가해지는 복사 에너지의 양을 플럭스라 하며, 온실가스의 지구 복사 플럭스는 파수(cm^{-1}, 파장의 역수)에 따라 달라진다. 다시 말해, 온실가스는 지구가 방출하는 열에너지를 특정한 파장 구간에서 흡수하며, 가스마다 그 흡수 영역이 다르다. 이산화탄소는 $500 \sim 800\,cm^{-1}$와 $2,000 \sim 2,500\,cm^{-1}$ 구간에서 흡수가 가장 강하다. 아산화질소는 여러 파수 영역에서 광범위하게 흡수를 나타내며, 메탄은

지구환경과 기후변화

1,000~2,000㎝$^{-1}$ 범위에서 뚜렷한 흡수대를 가진다. 이처럼 온실가스마다 흡수대가 다르기 때문에 온실가스가 지구온난화의 주범이라는 과학적 사실은 온실효과의 작동 원리를 뒷받침하고, 흡수대에 따른 온실가스 감축 방안 구축에도 기여하며, 또한 지구온난화의 심각성을 설명하는 근거가 된다.

국제협약

지구온난화를 완화하기 위한 국제적 노력은 1992년 브라질 리우데자네이루에서 열린 기후변화에 관한 유엔 기본 협약(UNFCCC: United Nations Framework Convention on Climate Change)에서 본격화되었다. 이 협약은 각국의 온실가스 배출을 직접적으로 규제하지는 않았으나, 1997년 일본 교토에서 열린 제3차 당사국총회(COP3)에서는 교토의정서(Kyoto Protocol)가 채택되어 CO_2, CH_4, N_2O, PFCs, HFCs, SF_6 등 6종의 온실가스 감축목표를 설정하였다. 선진국들은 2008~2012년 동안 배출량을 1990년 대비 평균 5.2% 줄이는 것을 목표로 했다.

이후 2015년 파리에서 열린 제21차 당사국총회(COP21)에서는 195개국이 합의한 파리협정(Paris Agreement)이 채택되었다. 이 협정은 지구 평균 기온 상승을 산업화 이전 대비 2℃ 이하, 더 나아가 1.5℃ 이하로 제한하는 것을 목표로 삼았다. 또한 온실가스 감축뿐 아니라 기후 적응, 기술 이전, 역량 강화 등 다양한 분야에서 국제협력을 강조하였다. 각국은 자국의 감축목표(NDC: Nationally Determined Contributions)를 5년마다 제출하도록 규정했으며, 21세기 후반에는 배출량과 흡수량의 균형을 맞추는 탄소중립(net zero) 달성을 장기 목표로 제시했다. 그러나 파리협정의 실효성은 주요 국가들의 참여 여부에 크게 좌우되었다. 트럼프 행정부는 2017년 파리협정 탈퇴를 선언해 2020년에 공식적으로 이탈했으나, 바이든 행정부는 2021년 취임 직후 재가입을 결정하였다. 이러한 정권별 엇갈린 행보는 국제 기후 공조의 신뢰성과 지속가능성에 의문을 던진 사례로 평가되며, 지구온난화의 주범이 온실가스라는 명백한 사실에 대하여 불필요한 진실 공방을 이어가지 않아야 한다.

한편, 인간 활동에 의한 기후변화를 평가하기 위하여 1988년 유엔 전문기구인 세계기상기구(WMO: World Meteorological Organization)와 유엔환경계획(UNEP: United Nations Environment Programme)은 기후변화에 관한 정부간 협의체(IPCC: Intergovernmental Panel on Climate Change)를 설립했다. IPCC는 1990년부터 6~8년에 한 번씩 평가보고서를 발간하여 과학적, 기술적 근거를 제공하고 있으며, 특별보고서를 통해 기후 문제에 관한 종합적 분석을 제시한다. 이러한 보고서는 진행되는 정부 간 협상에서 과학적 근거 자료로 사용된다.

지구온난화 발견의 역사

날씨는 고기압과 저기압의 영향 아래 기온, 습도, 강수량, 흐림, 바람 등이 시시각각으로 변하는 단기적 상태로, 일상생활 속 시간의 흐름을 반영하는 개념이다. 반면, 기후는 단순한 평균 상태만을 의미하는 것이 아니라, 일정 기간 동안의 최고 기온과 최저 기온, 한 달 또는 1년간의 누적 강우량, 극한 기상의 발생 빈도 등을 포함한, 일반적으로 30년 이상의 장기적인 날씨의 균형 상태를 의미한다. 이렇듯 지구의 모든 생명체는 날씨와 기후의 영향을 받고 살아간다. 예를 들어, 찬 바람이 불고 낮과 밤의 기온 차가 큰 계절에는 두꺼운 옷을 입고, 따뜻한 봄이 오면 가벼운 옷차림으로 바뀐다. 그러나 최근에는 사계절이 뚜렷한 지역에서도 계절의 경계가 모호해지고 있다. 이상 기온으로 인한 가뭄, 태풍, 홍수, 국지성 폭우 등의 현상이 빈번하게 발생하고 있으며, 전 세계적으로 기후변화로 인한 위협이 심화되고 있다. 기후변화에 대한 우려와 경고는 거의 매일 뉴스나 기사에서 접할 수 있으며, 인류는 이제 지구온난화에 따른 기후변화를 인식하기 시작하였다. 자연재해인 지진, 화산 폭발, 태풍 등만으로는 전 세계에서 동시다발로 일어나는 여러 이상 기후를 설명하기 어렵다.

우리가 체감하는 이런 급격한 날씨의 변화는 분명하지만, 그것이 왜 발생하는지에 대한 근본적인 원인을 이해하는 것은 결코 쉽지 않다. 기후는 오랜 시간에 걸쳐 서서히 변화하는 특성을 지니고 있기 때문에, 인간의 감각만으로는 그 변화를 정확히 인식하기 어렵다. 하지만 과학은 우리가 보지 못하는 현상들에 질문을 던지고, 측정하고, 분석함으로써 그 이면에 숨은 원인을 밝혀낸다. 지구온난화의 문제도 마찬가지다. 인류는 오랜 시간에 걸친 실험과 관측을 통해, 지구의 평균 기온 상승이 단순한 자연 현상이 아니라 산업화 이후 인간의 활동 − 특히 화석연료 사용 − 에서 비롯된 것임을 과학적으로 증명해 왔다.

자연의 법칙과 인류의 문명 진화는 우연한 기회에 발견되기도 한다. 마시는 물로 예를 들면, 물은 정수 처리를 거쳐 우리에게 전달된 것이고 사용하고 버린 물은 하·폐수 처리 시설을 거쳐 방류된다. 1854년 런던 소호에서 창궐한 콜레라가 오염된 물의 원인임을 밝힌 존 스노(John Snow, 1813~1858년)는 수많은 목숨을 구하였고 역학의 선구자로 잘 알려져 있다. 그로 인해 상수 및 하수처리 시스템이 개선되었으며 오늘날과 같은 설비로 진화하게 되었다. 이렇게 인류가 살아가는 환경에 영향을 끼치는 정수 및 하수처리 등과 더불어 인류가 살아가는 대기 온도 또한 마찬가지이다. 지구 대기 온도가 인간의 경제활동으로 배출된 온실가스에 기인할 수 있다는 인식은 19세기부터 제기되었다. 마침 이 시기는 산업혁명이 본격화되던 시기로, 증기기관과 석탄 연료의 대량 사용은 생산성을 높이는 한편, 이산화탄소와 같은 온실가스의 배출도 증가시켰다. 이러한 변화는 자연에 점진적이지만 중대한 영향을 미쳤으며, 이에 대한 과학적 탐구가 시작되었다.

이러한 과학적 탐구는 단순한 이론에 그치지 않고, 수많은 학자들의 실험과 관측을 통해 체계화되어 왔다. 그중에서도 19세기부터 시작된 여러 과학자들의 발견은 오늘날 우리가 기후변화를 이해하는 데 결정적인 기반이 되었다. 다음은 그 대표적인 사례들이다.

　　　　　　　　　　지구환경과 기후변화

조제프 푸리에(Jean-Baptiste Joseph Fourier, 1768~1830년)

1824년 프랑스 수학자이자 물리학자인 조제프 푸리에는 고체 내 열전도에 관한 연구로 열전도 방정식(푸리에 방정식)을 유도하였다. 그는 지구의 이론적 평균 온도가 약 −15℃여야 함에도 실제로는 평균 약 +15℃로 유지되는 이유를 설명하며, 지구 대기가 온실의 유리처럼 열을 가두는 역할을 한다는 '온실효과' 개념을 처음으로 제시하였다.

클로드 푸예(ClaudeServais Mathias Pouillet, 1790~1868년)

프랑스 물리학자 클로드 푸예에 의하면, 지구 대기 평균 온도가 지구 외부보다 낮고 지표면보다는 높은 이유를 설명하기 위해, 태양 에너지가 지표면에 더 많이 흡수되고 대기 내에서의 흡수 기전이 균일하지 않다는 점을 관찰하였다. 그는 이를 바탕으로 지구 대기의 열 보존 특성을 '투열성 봉투 효과(Effect of Diathermanous Envelopes)라고 명명하며, 온실효과의 존재를 과학적으로 설명하는 데 기여하였다.

유니스 뉴턴 푸트(Eunice Newton Foote, 1819~1888년)

미국의 과학자이자 발명가인 유니스 뉴턴 푸트는 1856년에 공기 펌프, 실린더, 수은 유리 온도계를 사용하여 공기, 이산화탄소(CO_2) 및 수소(H_2) 등 여러 기체를 햇빛에 노출하는 실험을 진행하였다. 그 결과, 이산화탄소로 채워진 실린더가 가장 빠르게 가열되며 높은 온도를 유지한다는 사실을 발견했고, 이는 대기 중 이산화탄소가 지구 온도를 상승시킬 수 있다는 온실효과의 초기 과학적 증거로 간주된다.

▎ 존 틴들(John Tyndall, 1820~1893년)

1859년 아일랜드의 물리학자 존 틴들은 이산화탄소와 수증기가 적외선 복사를 흡수한다는 사실을 정량적으로 입증하였다. 그는 온실효과가 태양의 가시광선이 아닌, 지표면에서 방출되는 적외선 복사와 밀접하게 관련되어 있다는 사실을 과학적으로 입증하였다.

▎ 스반테 아레니우스(Svante Arrhenius, 1859~1927년)

스웨덴의 화학자 스반테 아레니우스는 1896년, 이산화탄소와 수증기의 농도가 지구 기온에 미치는 영향을 분석한 논문을 발표하였다. 이 논문 발표는 지구온난화 논의의 출발점이 되었다. 그는 대기 중 이산화탄소 농도가 두 배가 되면 지구 평균 기온이 약 5~6℃ 상승할 수 있으며, 반대로 이산화탄소 농도가 현재 수준의 3분의 2(약 67%) 수준으로 감소하면 기온이 3~3.4℃ 낮아질 수 있다고 예측하였다. 그 당시 과학계는 이산화탄소가 지구의 온도를 높인다는 주장에 회의적이었고, 바다가 이를 흡수해 기후변화는 일어나지 않을 것이라고 생각했다.

가이 스튜어트 캘린더(Guy Stewart Callendar, 1898~1964년)

영국의 증기 기술자 가이 스튜어트 캘린더는 1938년 인간의 산업 활동으로 인하여 1890년에서 1938년 사이에 대기 중에 축적된 이산화탄소가 약 1,500억 톤에 달하며, 그중 약 75%가 여전히 대기에 남아 있다고 발표하였다. 인위적인 이산화탄소 배출로 인하여 대기 조성을 변화시키고 19세기 말부터 약 50년 동안 대기 중 이산화탄소 농도가 약 10% 증가했음을 밝혔다.[1] 이 연구는 인간 활동에 의한 지구온난화 개념을 과학적으로 다시 주목하게 만든 계기가 되었다.

찰스 킬링(Charles David Keeling, 1928~2005년)

사람들은 흔히 대기 중 이산화탄소가 바다에 의해 빠르게 흡수되거나 대기로 방출된다고 생각하였고, 다양한 기체가 존재하는 대기에서 이산화탄소 농도만을 정확히 측정하기는 어렵다고 여겼다.

로저 르벨(Roger Randall Dougan Revelle, 1909~1991년)은 1950년대 미국의 해양학자로서 화석연료 연소로 발생한 이산화탄소가 대기 중에 잔류할 경우 심각한 기후변화를 초래할 수 있다고 보고, 젊은 과학자 찰스 킬링을 자신이 소장으로 재직 중이던 스크립스 해양연구소로 초빙하였다. 찰스 킬링은 1950년대 초반, 기존의 수은 압력계를 개량하고, 분광광도계(spectrometer)를 활용해 대기 중 이산화탄소를 정량화하는 방법을 개발하였다. 낮에는 대류 현상으로 이산화탄소 농도가 비교적 일정하고 탄소 동위원소($^{13}C/^{12}C$) 비율도 안정되지만, 밤에는 공기 흐름이 정체되어 비율이 변동된다는 사실을 확인하고, 야간 측정의 비중을 높였다.

이후 1957년 킬링은 하와이 마우나로아(Mauna Loa)에 이산화탄소 측정소를 설치하고, 1958년부터 매일 관측을 시작하여 계절 변동과 함께 대기 중 이산화탄소가 지속적으로 증가하고 있음을 보여주는 '킬링 곡선(Keeling Curve)'을 완성하였다.

이러한 꾸준한 실험을 통해 밝혀진 사실은 두 가지다. 첫째, 지구는 계절에 따라 이산화탄소 농도가 변화하며, 여름에는 식물의 광합성으로 농도가 낮아지고 겨울에는 다시 높아진다. 둘째, 계절 변동과는 별개로 이산화탄소 농도는 해마다 지속적으로 증가하고 있다. 킬링의 연구는 대기 중 이산화탄소 농도가 빠르게 증가하고 있으며, 그 원인이 인간의 화석연료 사용에 있다는 사실을 실증적으로 입증하였다. 이는 지구온난화의 주요 원인을 밝히는 데 결정적인 근거가 되었고, 이후 온실가스 대응 논의에 큰 영향을 주었다.

또한 대기 온도가 상승하면 해양의 이산화탄소 흡수율은 감소하고 오히려 방출로 이어질 수 있다. 1950년 이후 화석연료 사용의 급증과 함께 대기 중 이산화탄소 농도도 가파르게 증가하였으며, 이러한 변화는 '킬링 곡선(Keeling Curve)'에 뚜렷하게 나타나 있다. 현재와 같은 추세가 지속된다면, 인류가 화석연료 사용을 멈추지 않는 한 이산화탄소 농도는 계속해서 증가할 것이다.

　　　　　　　지구환경과 기후변화

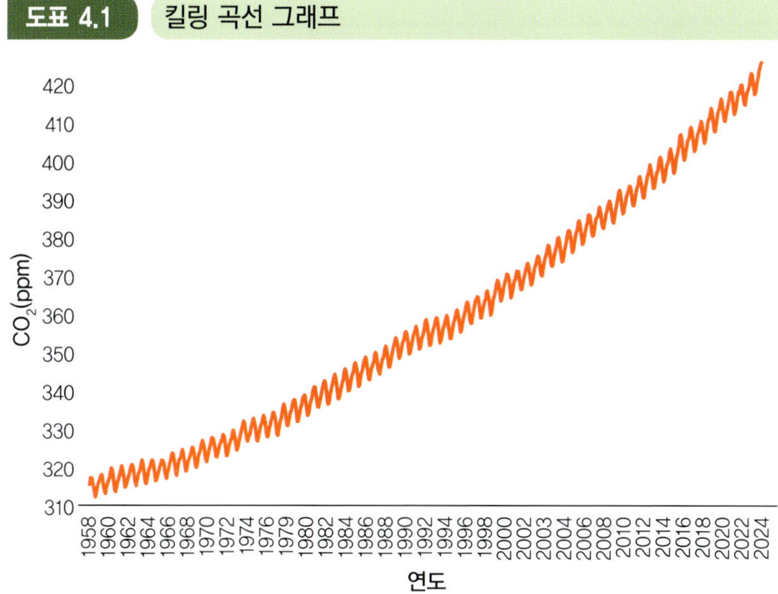

출처: NOAA, Global Monitoring Laboratory, https://gml.noaa.gov/ccgg/trends/data.html

주: 마우나로아(Mauna Loa)에서 관측한 농도를 그래프로 작성.

월리스 스미스 브로커(Wallace S. Broecker, 1931~2019년)

월리스 브로커는 미국 컬럼비아대학교 라몬트-도허티 지구관측소 (Lamont-Doherty Earth Observatory)에서 연구 활동을 했다. 그는 대기에서 바다로 녹아든 방사성탄소의 연대측정을 통해 북대서양에서 시작되는 심층수가 남대서양을 거쳐 인도양과 태평양에 도달한 뒤 다시 되돌아오는 거대한 해양 순환을 규명하고 이를 '컨베이어 벨트(conveyor belt)'라고 명명하였다. 이러한 해양 열염순환은 오늘날 '대서양 자오선 역전순환'으로 더 널리 불린다. 이 해양 순환은 전 지구적으로 단 두 곳에서 시작되는데, 하나는 래브라도 해 중앙의 작은 지역이고, 다른 하나는 그린란드해 중앙의 75°N, 0°W 지점 부근의 매우 제한된 지역이다.

그는 1975년 『사이언스』 저널에 발표한 논문 "Climate Change: Are We on the Brink of a Pronounced Global Warming?"에서 '지구온난화(Global Warming)'라는 표현을 사용하고, 이를 뒷받침할 관측 자료를 제시하였다. 또한 산소 동위원소 연대측정법, 즉 남극 얼음과 해양저 퇴적층의 유공충 껍질에 포함된 탄산칼슘 함량 분석을 통해 지질시대 이후 바닷물의 온도와 기후변화를 추적하였다. 그는 산업혁명 이후 화석탄소로 인한 온실가스 배출이 바다의 탄소 흡수 능력을 약화해 지구온난화를 더 가속화할 것이라고 주장하였다.

같은 논문에서 그는 그린란드 북서부 캠프 센추리에서 얻은 빙핵 자료와 기상·기후 데이터를 분석하여 기후변화의 장기적 추세를 제시하였다. 이를 통해 과거 수십만 년 동안의 기후 변동을 규명하였으며, 특히 1900년 이후 화석연료 사용에 따른 이산화탄소 증가가 지구 대기 온도 상승과 뚜렷하게 연결되어 있음을 보여주었다. 또한 1900년부터 2010년까지 10년 단위로 추산한 이산화탄소 농도 증가 예측은, 이후 하와이 마우나로아에서 측정된 실제 대기 중 농도와 놀라울 만큼 비슷하게 일치하였다. 예를 들어, 그는 1960년 약 315ppm을 예상했는데 실제 관측치는 317ppm이었고, 2010년의 경우 예측 약 403ppm에 실제 390ppm으로 나타났다. 중간 연도의 수치 또한 모두 비슷한 차이를 보여, 그의 예측이 수십 년 뒤 실제 결과와 놀라울 만큼 근접했음을 알 수 있다.

지구환경과 기후변화

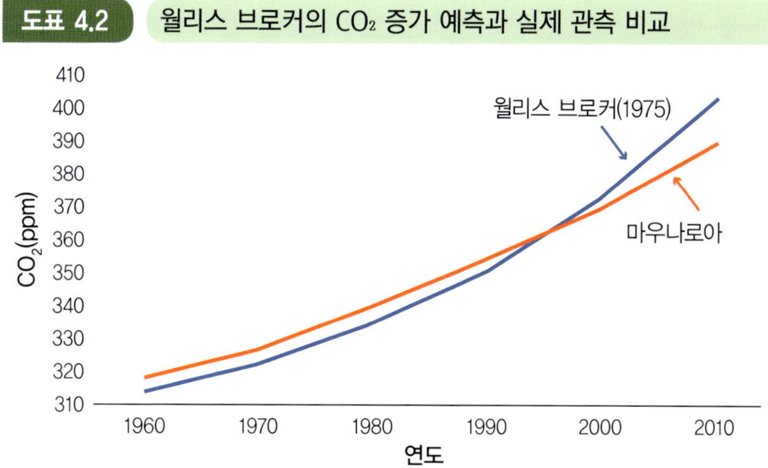

출처: NOAA, Global Monitoring Laboratory, https://gml.noaa.gov/ccgg/trends/data.html
주: Wallace S. Broecker (1975)와 마우나로아에서 관측한 농도를 그래프로 작성함.

월리스 브로커는 인간의 필요에 따라 지구환경에 적극적으로 개입하고, 경우에 따라서는 광범위한 재편까지 가능하다고 보는 '지구공학(geo-engineering)' 연구에도 몰두하였다. 그는 특히 지구온난화 대책으로 탄소포집기술에 주목하였다. 이러한 공헌으로 브로커는 흔히 '지구온난화의 아버지(Father of Global Warming)'로 불린다.

슈쿠로 마나베(Syukuro Manabe, 1931년~), 클라우스 하셀만(Klaus F. Hasselmann, 1931년~)

슈쿠로 마나베는 일본 출신으로 미국에서 활동한 기상학자이며, 클라우스 하셀만은 독일의 해양학자이자 기상학자이다. 두 사람은 지구 기후의 물리적 모델을 통해 지구온난화를 예측한 공로로 2021년 노벨 물리학상을 공동 수상하였다. 슈쿠로 마나베 연구팀은 1975년 발표한 논문에서 실제 지구와 비슷하게 대륙과 해양을 배치한 컴퓨터 기후 모델(일반순환모형)을 구축하였다. 이 모형에서 이산화탄소 농도를 두 배로 증가시켜 시뮬레이션한 결과, 지구 평균 기온이 약 3.5℃ 상승할 것이라는 예측이 나왔다. 마나베 연구팀은 또 대류권과 성층권에 영향을 주는 복사와 대류 과정을 단순화한 3차원 일반순환모형을 제시하였고, 이는 이후 기후학자들의 모델 연구 발전에 크게 기여하였다.

하셀만은 1970년대에 날씨와 기후를 연결하는 기후 모델을 개발하였다. 그는 변화무쌍한 날씨 속에서도 기후시스템이 보여주는 장기적 패턴을 분석할 수 있는 방법을 고안하였고, 이를 통해 기후 모델이 온난화의 영향을 예측할 수 있음을 보여주었다. 이러한 연구는 오늘날 기후변화 예측에 활용되는 다양한 수치 기후 모델의 토대가 되었다.

수많은 학자와 연구자들의 오랜 연구와 축적된 증거는, 오늘날의 기후변화가 단순한 자연 변동이 아니라 산업혁명 이후 인간이 사용한 화석연료와 밀접하게 연결되어 있음을 명확히 보여주었다. 이는 기후과학의 역사 속에서 실험과 관측, 이론과 모델링이 서로 맞물리며 진보해온 결과이며, 국제사회가 기후위기에 대응하는 과학적 근거가 되었다. 또한 지구온난화에 관련된 다양한 연구와 성과는 IPCC 보고서에도 인용되어 발간되고 있다. 이러한 과학적 사실이 분명해졌음에도 불구하고, 여전히 일부에서는 기후변화를 부정하거나 그 심각성을 축소하려는 시각이 존재한다. 앞으로의 과제는 과학적 증거를 넘어, 이

    지구환경과 기후변화

를 사회적 실천과 정책으로 연결하여 인류가 직면한 기후위기를 극복
하는 데 있다.

❖ 주

1 G. S. Callendar, "The Artificial Production of Carbon Dioxide and Its Influence on Temperature" *Quarterly Journal of the Royal Meteorological Society* 64 (1938), pp. 223–237.

❖ 참고문헌

Callendar, G. S. "The Artificial Production of Carbon Dioxide and Its Influence on Temperature" *Quarterly Journal of the Royal Meteorological Society* 64, 1938.

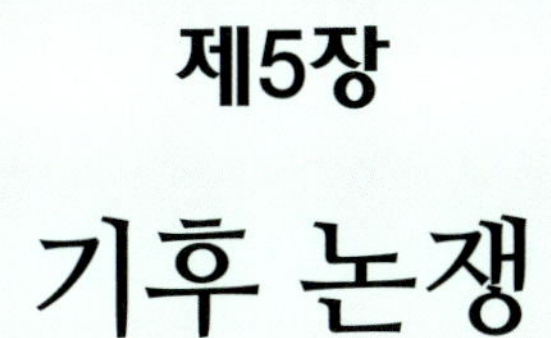

제5장

기후 논쟁

과학적 발견에 이르기까지는 가설 설정, 실험, 실제 계측 등 여러 단계를 거치며, 이 과정은 장기간에 걸쳐 진행되고 정확성, 객관성, 완전성이 요구된다. 결과에 미흡한 사항은 다시 보완하여 최종 결과가 도출된다. 이런 과학적 결과에 대한 반론 역시 중요한 문제이다. 예를 들어, 스스로 망원경을 제작하여 천체를 관측한 갈릴레오 갈릴레이(Galileo Galilei, 1564~1642년)는 목성의 4개 위성과 그 밖의 여러 천체 현상, 토성의 고리 등을 발견하였다. 그는 당시 일반적으로 받아들여지던 태양이 지구를 돈다는 천동설을 부정하고, 지구가 태양을 돈다는 지동설을 주장하였다. 이로 인해 종교계와 충돌하였으며, 실험을 통한 과학적 검증 결과를 부정하지 않았다는 이유로 결국 마지막 생애를 로마교황청의 명령에 따라 가택에 연금된 채 보내야 했다.

같은 맥락에서, 현대의 기후과학 역시 과학적 검증을 거친 주장임에도 불구하고, 사회적·정치적 논란의 중심에 서 있다. 특히 기후과학자들이 인류가 지구온난화의 주범이라는 주장을 내놓으면서, 대중과 정책결정자, 경제 주체들에게 불안감을 유발하였고, 이로 인해 2000

년대 이후 기후 문제는 뜨거운 사회적 이슈로 떠올랐다. 그 결과, 기후 문제는 과학계는 물론 정치계에서도 첨예한 논쟁 대상이 되었다. 지구 온난화에 대한 입장은 크게 두 갈래로 나뉜다. 하나는 지구온난화가 자연적인 기후변화의 일부라고 보는 입장(기후변화 회의론자)이고, 다른 하나는 인류의 화석연료 사용으로 인한 온실가스 증가가 온난화를 가속화하고 있다고 보는 입장(기후위기론자)이다. 그러나 최근에는 점차 급격한 기후변화로 인한 생태계의 부정적 변화가 지구 곳곳에서 관측되면서, 지구온난화는 화석연료 사용에 따른 늘어난 온실가스로 발생한 현상으로 이해되는 경향이 커지고 있다.

중세 온난기와 소빙하기

약 8,000년 전부터 지구의 기후는 비교적 안정되었고, 생명체가 살아가기 적합한 온도를 유지해 왔다. 지난 1000년 동안 북반구 북부 해양 지역을 중심으로 중세 온난기(약 1000~1300년)와 소빙하기(약 1400~1900년), 그리고 현재까지 이어지는 시기로 나눌 수 있다.

IPCC 1차 보고서에 수록된 플라이스토세(Pleistocene) 이후 지구 온도 변화 추세 그래프 중, 논란이 된 부분은 중세 온난기와 소빙하기를 나타낸 (c) 그래프이다. 이 그래프에서는 중세 온난기의 기온이 산업혁명 이후인 1900년대보다 더 높게 표시되어 있으며, 이는 기후변화 회의론자들이 자주 인용하는 자료이기도 하다. 1972년 영국 이스트 앵글리아 대학교에 기후 연구 부서를 설립한 휴버트 램

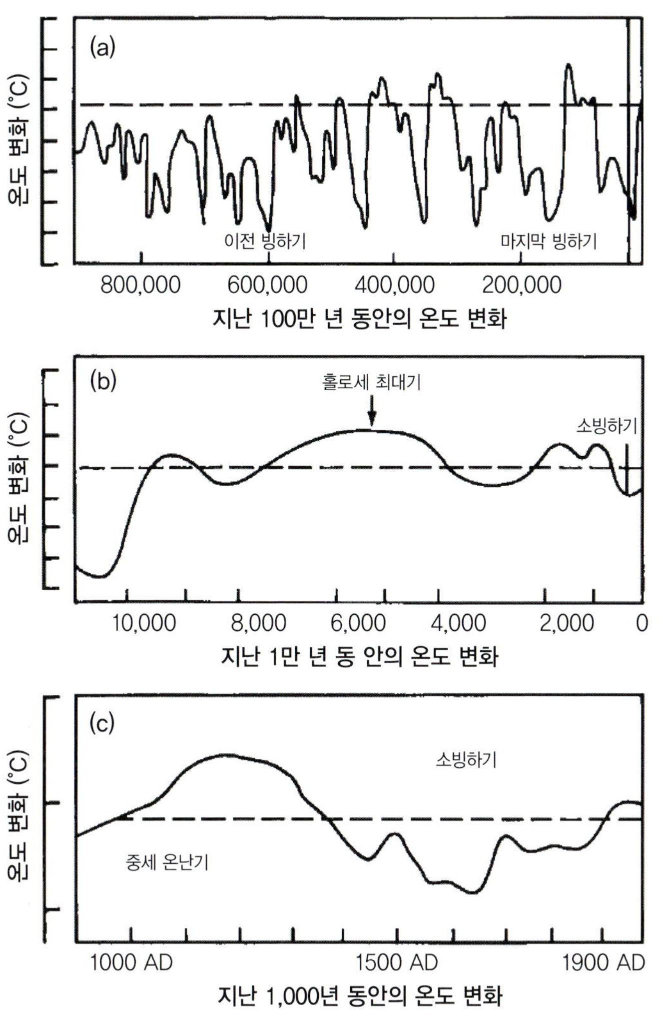

출처: IPCC 제1차 평가보고서 (1990), p. 202, Figure 7.1.

(Hubert Horace Lamb, 1913~1997년)은 중세 온난기와 소빙하기를 연구하였다. 그는 1982년 발표한 논문에서 잉글랜드 중부 지역의 기온 변화를 보여주는 일련의 다이어그램을 제시했으며, 이 도식이 1990년 IPCC 제1차 보고서에 인용되었다. 이 보고서를 작성한 과학자들 또한, 중세 온난기가 지구 전체의 온난화를 대표하지 않을 수 있다는 점을 명시하였다. 세계기상기구(WMO: World Meteorological Organization)의 기후 변동에 관한 실무 그룹의 일원이기도 한 휴버트 램은 중세 온난기를 전 지구적으로 명확히 구분되는 고정된 시기로 보지 않았다. 그는 당시 널리 받아들여지던, '기후는 장기간에 걸쳐 거의 변하지 않으며, 농업이나 도시계획 등 실용적인 목적을 위해 고정된 조건으로 간주할 수 있다'는 전통적인 시각에 반대하였다. 또한 그는 기후는 본질적으로 끊임없이 변화하며, 때로는 인간의 경험 범위 내에서도 뚜렷한 변화를 보일 수 있다고 주장하였다. 지구온난화의 원인을 과학적으로 규명하고, 그에 따른 미래 기후변화에 대한 전망을 수립하는 것의 중요성도 강조하였다.

하키 스틱 커브(Hockey stick curve)

기후학자 마이클 만(Michael E. Mann, 1965년~)은 두 명의 동료와 함께 지난 1,000년 동안의 지구 온도 변화를 복원한 논문(1998년, 1999년)을 발표하였다. 이 논문은 인간이 지구온난화를 초래했다는 과학적 주장을 담고 있어, 정치적으로 민감한 기후 논쟁의 핵심 계기가 되었다. 그중 1999년 논문에서 제시한 그래프는, 지난 600년간 (연구에 따라 1000년까지 확장) 북반구 온도를 나이테, 빙하 코어 등 고기후 자료를 통해 재구성하고, 1815년부터 2013년까지의 기온 실측 자료를 결합하여 1,000년간의 북반구 온도 변화를 시각화한 것이다. 이 그래프는 끝부분이 급격히 상승하는 모양이 하키 스틱처럼 생겼다고 하여 '하키 스틱 곡선'으로 불리게 되었고, IPCC 제3차 평가보고서에도 인용되면서 널리 알려졌다. 특히 이 그래프의 급격한 온도 상승 구간이 산업혁명 이후 시기와 정확히 겹치면서, 지구온난화가 인류 활동, 특히 화석연료 사용과 밀접한 관련이 있다는 과학적

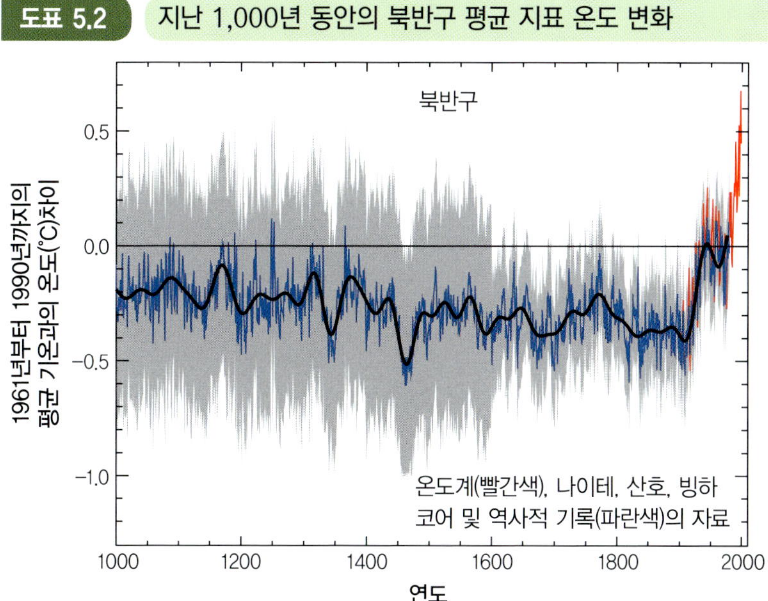

도표 5.2 지난 1,000년 동안의 북반구 평균 지표 온도 변화

출처: IPCC, 2001: CLIMATE CHANGE 2001 The Scientific Basis (IPCC Third Assessment Report), Summary for Policymakers, p. 3.

　반면, 기후변화 회의론자들은 이 그래프에 대해 비판하며, 제한된 나이테 자료의 대표성과 통계 처리 방식에 문제가 있다고 주장했다. 이들은 이를 근거로 지구온난화의 주된 원인을 인간의 화석연료 사용으로 단정할 수 없다고 반박하였다. 이러한 논란에 대응하여, PAGES 2K(Past Global Changes 2000 year project)를 비롯한 세계 각국의 과학자들로 구성된 자발적 협력 네트워크는 나이테, 빙하코어, 산호, 석순, 역사 기록 등 다양한 과학적 자료를 기반으로 과거 2,000년간의 지구 온도 변화를 복원한 연구 결과를 발표하였고, 이는 2000년대 이후 지구온난화 논쟁에 결정적인 과학적 근거를 제시하는 계기가 되었다.

　특히 2019년, 스위스 베른대학교 지리학연구소의 라파엘 노이콤(Raphael Neukom)이 주도한 논문은 학술지 『네이처(*Nature*)』에 게재되었으며, 산업화 이전 시기와 비교해 최근의 온난화가 얼마나 이례적으로 급격한지를 정량적으로 보여주었다. 지표면 비율에 따른 시공간 분석 결과에 따르면, 1850년 이후의 가파른 기온 상승은 지난 2,000년 동안 전례 없는 현상으로, 인류의 화석연료 사용에 기인한다는 사실을 다시 한번 보여주었다.

　이러한 지구 기후변화 연구를 통해 기후 논쟁은 어느 정도 일단락되었으며, 이제 인류는 지구 생명체의 터전과 삶을 위협하는 기후위기에 대응해야 한다. 그러나 지구온난화 대응은 여전히 미흡하며, 실질적인 기후 행동이 시급히 요구된다.

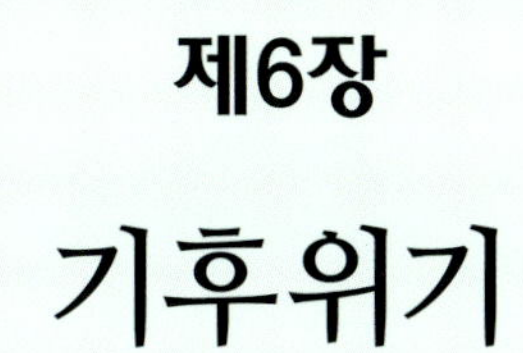

제6장

기후위기

온실가스로 인한 지구온난화라는 기후변화는 점진적으로 이루어져 인간이 인지하기도 전 부지불식간(不知不識間)에 서서히 잠식되어 지구 임계점(Tipping Point)에 도달하게 되면, 폭염, 홍수, 산불, 폭설 등 극단적 기상 현상이 매년 급증하게 되어 인류의 생존 터전이 더 이상 안전하지 않게 될 것이다. 인류의 화석연료 사용 이전으로 지구의 생태계를 되돌릴 수는 없겠으나, 인류의 문명발전과 더불어 지속가능한 지구 환경을 유지하고 기후 위기에 대응하기 위해서는 지구온난화를 유발하는 지구 대기 중 온실가스의 현황과 인류의 노력에 대해 살펴볼 필요가 있다.

숫자로 본 기후변화

아름다운 자연현상을 보기 위해 여행자들은 어디든 달려가곤 한다. 지자기 폭풍은 태양에서 발생한 강력한 태양 폭풍이 지구에 도달해 지구 자기장을 교란하는 현상으로, 이는 태양 표면에서의 흑점 활동이 활발해질 때 나타난다. 11년 주기로 반복되는 태양활동주기 중 2024년 5월에는 21년 만에 가장 강력한 지자기 폭풍이 발생했다. 대략 2025년 4월까지 붉은색, 파란색, 보라색, 초록색으로 빛나는 오로라를 관측하기에 최적의 시기로, 이를 겨냥한 '오로라 성지 투어' 여행 상품이 출시되어 큰 인기를 끌었다. 태양은 이처럼 경이로운 자연현상을 선사하기도 하지만, 동시에 지자기 폭풍으로 인해 첨단 기기의 오작동, 통신 교란, 우주인의 안전 위협 등 인류에 부정적인 영향을 주기도 한다.

살아 있는 모든 생명체는 공기와 물 없이는 살아갈 수 없다. 또한 지구 생명체가 살아가기 적당한 온도를 유지해 주는 온실가스가 없다면 생존이 불가능하다. 대기 중 온실가스는 해마다 그 양이 늘어나고 있으며, 부지불식간에 지구 생명체는 급변하는 환경 변화에 휘둘리고 있다. 인류가 온실가스의 폐해를 인지하기 시작할 시점에는 이미 대기는 과잉의 온실가스로 채워져 있었고, 지구는 이를 호수·강·바다로 흡수시켜 적정 수준을 유지하려 했으나 이미 포화 상태에 이르렀다.

온실효과를 일으키는 여러 가스 가운데 가장 큰 영향을 미치는 수증기는 물의 순환 과정 일부이므로 규제 대상이 아니다. 이에 반해, 이산화탄소를 기준(1)으로 두고 가스별 온난화 기여 정도를 수치화한 지표가 지구온난화지수(GWP: Global Warming Potential, 이하 GWP로 표기)이다. 메탄(CH_4)의 경우, 이산화탄소 대비 GWP는 21배(IPCC 제2차 평가보고서)로 평가되었으며, 제5차 평가보고서에서는 20년간 영향 기준 84배, 50년간 영향 기준 28배, 100년간 영향 기준 7.6배로, 제6차 평가보고서에서는 27배로 제시되었다. 표 6.1은 주요 온실가스별 지구온난화지수를 나타낸다. 절연 성능이 우수해 전력 설비의 개폐기 등에 사용되는 육불화황(SF₆)은 이산화탄소 대비 2만 3,900배(제2차 평가보고서; AR2)의 온실효과를 일으키고 5차 평가보고서 100년 기준으로는 2만 3,500배에 달한다. 또 대기에 잔존하는 기간이 길어 그 영향이 상당하다.

마우나로아에서 기록된 1959년 이후의 대기 중 온실가스 농도는 현재까지 지속적으로 상승하고 있다. 이산화탄소의 대기 중 평균 농도는 1960년 316.91ppm에서 2024년 424.61ppm으로 64년간 107.7ppm 상승하였다. 산업혁명 시기인 1850년에는 284.7ppm이었으며, 1900년에는 295.8ppm으로 11.1ppm 증가, 1950년에는 310.7ppm으로 26ppm 증가, 2000년에는 368.92ppm으로 84.22ppm 증가하였다.

표 6.1 지구온난화지수(GWP)

온실가스	지구온난화지수(GWP) 100년간 줄 영향		
	IPCC 제2차 평가 보고서 (1995)	IPCC 제5차 평가 보고서 (2014)	IPCC 제6차 평가 보고서 (2021)
이산화탄소(CO_2)	1	1	1
메탄(CH_4)	21	28	27
아산화질소(N_2O)	310	265	273
수소불화탄소 (HFCs)	150~11,700	4~12,400	4.84~14,600
과불화탄소(PFCs)	6,500~9,200	<1~11,100	0.004~12,400
육불화황(SF₆)	23,900	23,500	24,300

출처: GWP, UNEP, https://sdgs.unep.org/article/annex-ii-ipcc-global-warming-potential-values

외형상으로는 지구 대기 수용 면적에 비해 작은 변화처럼 보일 수 있으나 1750년 278ppm에서 1850년 284.7ppm으로 100년간 6.7ppm 증가한 것과 비교하면, 최근 수십 년간의 이산화탄소 농도 증가는 비할 바 없이 급격한 상승이라 할 수 있다.

이산화탄소 대비 온난화지수(GWP)가 21배에 달하는 메탄과 310배에 달하는 아산화질소 역시 1950년대 이후 급격히 증가하고 있다. 2024년 9월 기준, 미국해양대기청(NOAA: National Oceanic and Atmospheric Administration)에 따르면, 이산화탄소는 안정된 화합물로 표준 상태에서 분해되지 않으며, 대기 수명이 수백 년에서 수천 년(300~1000년 이상)으로 매우 긴 것으로 간주되는 반면, 메탄의 대기 체류 수명은 약 12년으로 짧은 편이다. 요컨대, 메탄(CH_4)은 1분자당 온난화 영향은 강하지만 대기 체류 수명이 짧아 단기적 영향이

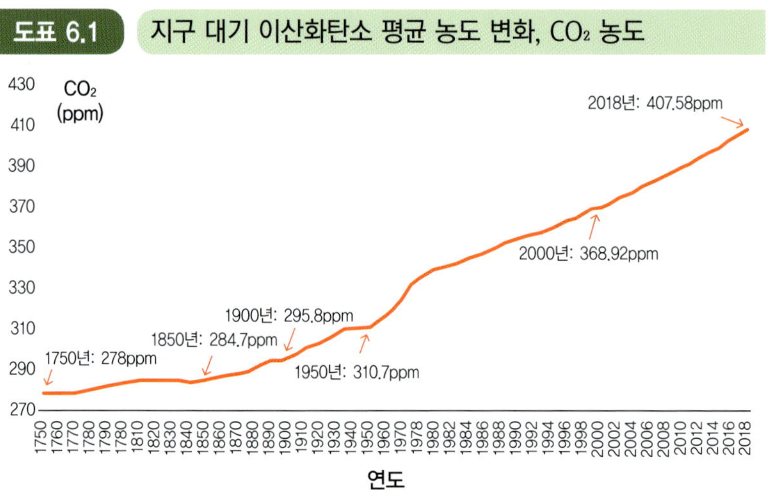

도표 6.1 지구 대기 이산화탄소 평균 농도 변화, CO_2 농도

출처: European Environment Agency, https://www.eea.europa.eu/en/analysis

 지구환경과 기후변화

크고 감축 시 빠른 완화가 가능한 반면, 이산화탄소(CO_2)는 분자당 영향은 약해도 대기의 일부가 수백~수천 년 지속되어 누적·장기적 영향이 지배적이므로 배출을 줄이지 않으면 온난화가 계속 축적된다.

아산화질소(N_2O)의 경우, 2024년 9월 기준 미국 해양대기청(NOAA)에 따르면 대기 중 평균 농도는 337.72ppb로, 2000년대 초반 대비 21.58ppb 증가하였으며, 1750년 산업화 이전과 비교하면 총 67.72ppb 상승한 수치를 보이고 있다. 아산화질소는 전체 온실가스 배출량에서 차지하는 비중은 상대적으로 적지만, 지구온난화지수(GWP)가 310으로 매우 높고 대기 체류 수명도 121년에 달해, 단위 배출량당 기후에 미치는 장기적 영향이 매우 큰 온실가스로 평가된다.

산업혁명으로 인한 인류의 화석연료 사용으로 대략 1조 톤 이상의 이산화탄소를 대기로 배출해 오고 있으며, 특히 1950년 이후 급격한

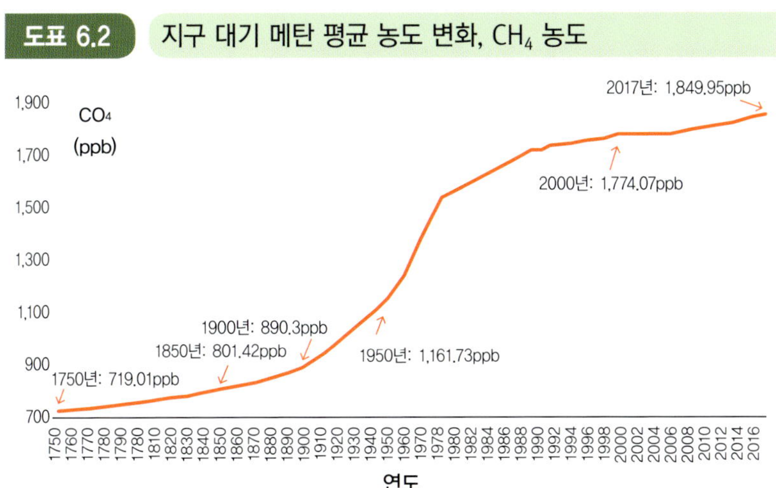

도표 6.2 지구 대기 메탄 평균 농도 변화, CH_4 농도

출처: European Environment Agency, https://www.eea.europa.eu/en/analysis

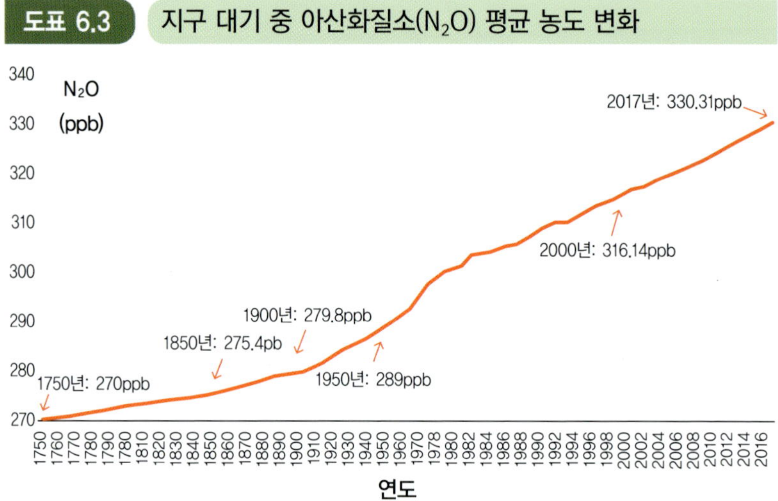

출처: European Environment Agency, https://www.eea.europa.eu/en/analysis

산업발전과 함께 전 세계적으로 이산화탄소 연간 배출량이 온실가스 배출 농도 증가와 더불어 급격히 상승하였다. 1950년 당시 전 세계 연간 이산화탄소 배출량은 약 50억 9,300만 톤으로 1900년대에 비해 크게 증가하였고, 2024년에는 약 410억 6,000만 톤에 달하며 급격한 증가세를 보이고 있다.

IPCC 보고서

기후변화의 위험을 평가하기 위하여 유엔의 전문 기관인 세계기상기구(WMO)와 유엔환경계획(UNEP)은 기후변화에 관한 정부 간 협의체(IPCC: Intergovernmental Panel on Climate Change)를 설립하였다. IPCC는 인간 활동으로 인한 기후변화의 영향뿐만 아니라, 기후변화가 인간 활동에 미치는 영향까지 포함하여 기후변화 전반에 대한 이해를 종합적으로 평가한다. 각 평가 주기마다 IPCC는 의장단 산하 3개의 실무그룹(WG: Working Group)과 1개의 태스크 포스(TF: Task Force)가 있으며, 전 세계 전문가들의 참여로 구성된다. IPCC는 1990년 제1차 평가보고서를 시작으로, 현재까지 총 6차례의 평가보고서를 발간해왔다. 이 보고서들은 유엔기후변화협약(UNFCCC: United Nations Framework Convention on Climate Change) 협상 시 과학적 근거로 활용되었으며, 각국이 기후변화 대응 정책을 수립하고 실행하는 데 중요한 정보로 제공되고 있다. 실무그룹별 역할은 다음과 같다. 제1실무그룹은 기후시스템과 기후변화의 과학적 이해를 담당하고, 제2실무그룹은 기후변화의 영향과 대응 전략을, 제3실무그룹은 기후변화 완화 방안을 다룬다. 이제 IPCC 평가보고서 내용을 간략히 살펴보자.

IPCC 제1차 평가보고서(1990년)

지구온난화의 주요 원인으로 인간 활동에 따른 대기 중 온실가스 농도의 증가를 지적하였으며, 이는 산업화 이전 수준에 비해 현저히 높아졌다고 평가되었다. 20세기 동안 지구 평균 지표면 온도는 약 0.3~0.6℃ 상승하여 자연적인 변동성 범위를 벗어나는 것으로 평가하였다. 해수면 또한 약 10~20cm 상승하였으며, 이는 주로 해양의 열팽창과 빙하 융해에 기인한 것으로 나타났다. 'BAU 시나리오'(Business As Usual, 특별한 감축 조치를 취하지 않을 경우를 가정한 온실가스 배출 시나리오) 하에서는, 21세기 동안 지구 평균 기온이 약 10년마다 0.3℃씩 상승하여 세기말까지 총 3℃의 상승이 예상되었고, 해수면은 약 65cm 상승할 것으로 예측되었다. 이러한 과학적 평가는 1992년 '리우 지구 정상회의'에서 채택된 유엔기후변화협약(UNFCCC)의 핵심 근거로 활용되었으며, 국제사회의 기후변화 문제 해결을 위한 협력의 필요성을 인식하는 데 중요한 역할을 하였다.

▎IPCC 제2차 평가보고서(1995년)

인간 활동으로 인해 이산화탄소(CO_2), 메탄(CH_4), 아산화질소(N_2O) 등 온실가스의 대기 중 농도가 지속적으로 증가하고 있는 것으로 나타났다. 제1차 평가보고서와 유사하게, 19세기 후반 이후 지구 평균 기온이 약 0.3~0.6℃ 상승하였으며, 다양한 증거를 종합할 때, 인간 활동이 지구 기후에 뚜렷한 영향을 미치고 있다는 결론이 도출되었다. 미래 기후 전망 역시 이전 보고서와 일치하는 결과를 보였다. 이러한 평가 결과는 국제사회가 기후변화 문제에 적극적으로 대응해야 할 필요성을 강조하였으며, 이후 1997년 교토의정서(Kyoto Protocol) 채택의 과학적 근거로 활용되었다. 교토의정서는 이산화탄소(CO_2), 메탄(CH_4), 아산화질소(N_2O), 수소불화탄소(HFCs), 과불화탄소(PFCs), 육불화황(SF_6) 등을 감축 대상으로 설정하고, 공동이행(JI: Joint Implementation), 청정개발체제(CDM: Clean

지구환경과 기후변화

Development Mechanism), 배출권거래제(ET: Emissions Trading) 등 이른바 유연성 메커니즘(Flexibility Mechanisms)을 도입하였다. 이러한 교토의정서는 국제사회의 첫 번째 법적 구속력이 있는 온실가스 감축 협약으로서 큰 의미가 있었으나, 주요 배출국인 미국이 비준하지 않았고 중국·인도 등 개발도상국은 감축 의무에서 제외되면서 참여 범위가 제한적이었다. 또한 제1차 공약 기간 이후에는 장기적인 감축목표와 실행력이 부족하다는 비판을 받았다.

IPCC 제3차 평가보고서(2001년)

제3차 평가보고서는 기후변화에 대한 과학적, 기술적, 사회경제적 정보를 종합적으로 평가하였으며, 이전보다 더 정확한 관측과 분석을 통해 20세기 동안 지구 평균 지표면 온도가 약 0.6℃ 상승하였고 눈과 얼음의 범위가 감소하였으며 해수면이 상승하는 등 기후시스템의 변화를 입증하였다. 인간 활동으로 인한 지구 평균 기온 상승은 1901~2000년 사이 약 0.6℃(0.4~0.8℃)로 추정되었으며, 배출 전망에는 SRES(배출 시나리오에 관한 특별 보고서, Special Report on Emission Scenarios)가 적용되었다. 이는 사회·경제 모델을 기반으로 다양한 온실가스 배출 시나리오를 제시하여 미래의 기온 변화와 강수 패턴 변동을 예측하는 데 활용되었다. 또한 제3차 보고서는 교토의정서 이행을 위한 '마라케시 합의문(Marrakesh Accords)'의 근거가 되었으며, 이를 통해 선진국의 법적 구속력이 있는 온실가스 감축 의무가 구체화되었다. 아울러 공동이행(JI), 청정개발체제(CDM),

배출권거래제(ET) 등 이행 메커니즘이 정립되었고, 보고·검토·준수를 위한 절차가 마련되었다.

IPCC 제4차 평가보고서(2007년)

IPCC 제4차 평가보고서에 따르면, 1906~2005년 동안 지구 평균 기온은 100년간 0.74℃(0.56~0.92℃) 상승한 것으로 나타나 제3차 보고서보다 더 높은 상승 폭을 보였다. 최근 50년간의 상승 속도는 지난 100년간의 거의 두 배에 달했으며, 기온 상승은 지구 전역에 걸쳐 광범위하게 나타났다. 특히 북반구 고위도에서 기온 상승이 두드러졌으며, 육지가 해양보다 더 빠르게 온난화한 것으로 나타났다. 이러한 온난화는 해수면 상승과 일치하는 양상을 보였으며, 그 원인은 인위적인 인간 활동에 기인한다고 판정되었다. 또한 열대저기압의 강도는 증가할 것으로 예측되었고, 적설 면적과 극지방의 해빙 면적은 감소할 것으로 전망되었다. 아울러 대기 중 이산화탄소 농도의 증가는 해양 산성화를 가속화할 것으로 분석되었다. 제3차 보고서에서 처음 도입된 SRES(배출 시나리오에 관한 특별 보고서) 시나리오가 제4차 보고서에서도 적용되었으며, 이에 따르면 21세기 동안 지구 평균 기온은 1.1℃에서 6.4℃까지 상승할 것으로 예측하였으며, 해수면은 0.18m에서 0.59m까지 상승할 것으로 전망하였다. 이러한 변화는 온실가스 배출 시나리오에 따라 달라질 수 있다. 기후변화 문제 해결을 위한 이러한 국제적 노력이 인정되어, IPCC는 2007년 당시 미국 부통령이었던 앨 고어(Albert Arnold Gore Jr., 1948년~)와 함께 노

지구환경과 기후변화

벨평화상을 공동 수상하였다.

IPCC 제5차 평가보고서(2014년)

IPCC 제5차 평가보고서에 따르면, 지구온난화로 인한 지난 112년간 (1901~2012년) 지구 평균 기온이 0.89℃(0.69~1.08℃) 상승하였다. 전 지구적으로 빙하는 지속적으로 감소하고 있고 해수면 상승 역시 명확히 확인되었다. 20세기 평균 해수면 상승률은 연간 1.7(1.5~1.9)mm이고 특히 1993년 이후에는 연간 3.2(2.8~3.6)mm로 가속화되었다. 이로 인해 생태계 서식지가 변화하고 일부 종은 멸종 위험에 놓였으며, 농업 생산성과 인간 건강 등 사회 시스템 전반에 부정적 영향이 확대되고 있다. 특히 개발도상국은 더 큰 피해를 입을 것으로 예상되었다. 이전 평가보고서에서 사용된 SRES 시나리오는 기후 정책외 대응 방안을 반영하지 못하는 한계가 있었으며, 이에 따라 제5차 평가보고서에서는 RCP(Representative Concentration Pathways, 대표농도 경로) 시나리오를 새롭게 적용하였다. RCP는 온실가스 감축 노력의 수준에 따라 방사강제력과 지구 평균 기온 상승 폭이 달라지도록 설정되었으며, 주요 시나리오는 다음과 같다.

- RCP2.6: 강력한 온실가스 감축 노력을 통해 방사강제력을 2.6 W/m² 수준으로 안정화하는 시나리오이며, 21세기 말까지 지구 평균 기온 상승이 0.3~1.7℃에 머물며 인간 활동에 의한 영향을 지구 스스로 회복할 수 있는 경우에 해당한다.

- RCP4.5: 중간 수준의 감축 노력을 반영하여 방사강제력을 4.5 W/m² 수준으로 안정화하는 시나리오이며, 21세기 말까지 기온 상승은 1.1℃~2.6℃로 예상되며 온실가스 저감 정책이 상당 부분 실현되는 경우의 시나리오이다.

- RCP6.0: 완화 조치가 제한적일 경우 방사강제력이 6.0 W/m²에 도달하며, 21세기 말까지 기온 상승은 1.4℃~3.1℃로 온실가스 저감 정책이 부분적으로만 실현되는 경우의 시나리오이다.

- RCP8.5: 온실가스 배출이 현재 추세대로 지속될 경우 방사강제력이 8.5 W/m²까지 증가하며, 기온은 2.6~4.8℃ 상승할 것으로 예상된다. 이는 감축 노력이 전혀 없는 BAU(Business As Usual) 시나리오에 해당한다.

제5차 평가보고서(2014) 이후, 국제사회는 기후변화 대응을 강화하기 위해 2015년 프랑스 파리에서 열린 제21차 유엔기후변화협약 당사국총회(COP21)에서 파리협정을 채택하였다. 이 협정은 산업화 이전 대비 지구 평균 기온 상승을 2℃ 이하로 억제하고, 가능하다면 1.5℃ 이하로 제한하기로 합의하였다. 각국은 자발적으로 국가결정기여(NDC: Nationally Determined Contribution)를 제출해 감축목표를 설정하고 5년마다 갱신하도록 하였으며, 이를 통해 기후 복원력 강화와 온실가스 감축, 금융·경제 구조 전환을 추진하기로 하였다.

여기서 제시된 1.5℃와 2℃ 목표는 단순한 수치가 아니라, 기후시스템이 돌이킬 수 없는 변화를 겪게 되는 '티핑 포인트(Tipping Point)' 개념을 반영한 것이다. 티핑 포인트란 해양 산성화, 빙하 붕괴, 아마존 열대우림 파괴 등 돌이킬 수 없는 변화가 가속되는 임계점을 뜻한

지구환경과 기후변화

다. 과학자들은 지구 평균 기온이 1.5~2℃ 상승할 경우 이러한 지점에 도달할 가능성이 높다고 경고해왔다. 각국은 파리협정에 따라 국가결정기여(NDC)를 제출하고 2050년 전후 탄소 순배출 제로 달성을 목표로 노력하고 있으나, 2024년 현재 지구 평균 기온은 산업화 이전 대비 처음으로 1.5℃(1차 저지선)를 넘어섰다. 최종 저지선인 2℃ 돌파도 머지않았다.

▌ IPCC '지구온난화 1.5℃' 특별보고서(2018년)

2015년 파리협정에서 온실가스 억제 노력이 합의되었지만, 아프리카 국가, 소규모 섬나라, 저지대 국가 등 기후변화 취약국들은 지구 평균 기온 상승 상한선을 2℃가 아니라 1.5℃로 설정해야 한다고 주장하였다. 그러나 당시에는 과학적 근거가 충분하지 않았기 때문에, 이를 보완하기 위해 UNFCCC의 요청으로 제6차 평가보고서 이전에 특별보고서가 발간되었다. 이 보고서는 1.5℃와 2℃ 목표 간 차이가 생태계, 인간 사회, 자연 현상에 미치는 영향을 분석하고, 1.5℃로 제한하는 접근의 이점을 구체적으로 제시하였다.

지구 평균 기온은 산업화 이전(1850년~1900년) 대비 약 0.8℃~1.2℃ 상승하였고, 10년마다 약 0.1℃~0.3℃의 증가세를 나타내고 있다. 현재 추세가 지속된다면 2030~2052년 사이 1.5℃를 초과할 것으로 전망되었다. 1.5℃로 억제할 경우, 산호초의 70~90%가 손실되고 해수면 상승으로 위기에 처하는 인구가 1,000만 명 감소하게 된다고 예측하였다. 반면 2℃까지 상승할 경우, 산호초의 99% 이상이 파괴되고 홍수, 가뭄 및 폭염 등의 극단적 기후 현상이 훨씬 빈번해질 것으로 예측하였다. 보고서는 1.5℃ 목표를 달성하려면 2030년까지 2010년 대비 온실가스 배출량을 약 45% 감축해야 하며, 2050년까지 순배출량(Net Zero)을 '0'으로 달성하는 경로를 제시하였다. 이를 위해 화석연료 사용을 대폭 줄이고 태양광, 풍력 등 재생에너지 비중을 확대하는 산업구조 전환이 필요하며, 각 산업의 저탄소 전환 방안도 제시되었다. 또한 기후변화로 가장 큰 피해를 입는 계층을 위한 정책·재정 지원, 국제적 협력, 지속가능발전과의 연계, 그리고 향후 기후 난민 문제 해결 방안도 강조되었다.

IPCC 제6차 평가보고서(2023년)

IPCC 제6차 평가보고서에 따르면, 지구온난화 상승의 원인이 인간 활동에 있음을 명확히 밝히고 있다. 2011~2020년 동안 지구 평균 지표면 온도는 산업화 이전(1850~1900년) 대비 약 1.09℃ 상승했으며, 육지에서의 온도 상승(1.59℃)이 해양(0.88℃)보다 훨씬 더 컸다. 1970년 이후 지난 50년 동안 온도 상승 속도는 지난 2000년 가운데 가장 빠른 것으로 나타났다. 2019년 기준 대기 중 이산화탄소(CO_2) 농도는 410ppm, 메탄(CH_4)은 1,866ppb, 아산화질소(N_2O)는 332ppb에 도달하였으며, 실제 마우나로아 관측소에서 측정된 CO_2 농도는 411.65ppm으로, 이는 측정 오차 범위 내에서 거의 일치한다. 특히, 메탄(CH_4)과 아산화질소(N_2O) 농도는 최소 80만 년 이래 전례 없는 수준에 도달하였다. 지난 60년간 인간 활동으로 배출된 이

　　　　　　　지구환경과 기후변화

산화탄소(CO$_2$)의 약 56%는 토지와 해양이 흡수하였지만, 현재의 이
산화탄소(CO$_2$) 농도는 지난 200만 년 가운데 가장 높은 수준이다.
1750년 이후 이산화탄소(CO$_2$)는 약 47%, 메탄(CH$_4$)은 약 156%, 아
산화질소(N$_2$O)는 약 23% 증가하였으며, 지구 표면 온도는 지난 10만
년을 기준으로 볼 때, 산업혁명 이후 현재까지가 가장 따뜻한 시기로
평가되며, 2011~2020년의 온도는 1850~1900년 대비 약 1.1℃ 상
승하였다.

코페르니쿠스 기후변화서비스(C3S)에 따르면, 2023년에 이어
2024년에도 사상 최고 기온을 기록했으며, 연간 지구 평균 온도가 처
음으로 '1.5℃ 마지노선'을 넘어섬에 따라 파리협정의 의미가 퇴색되
었다. 산업화 이전 대비 0.72℃ 증가한 지구 평균 온도는 15.1℃를
기록하여 역사상 지난 10년이 가장 더웠다. 이로 인해 홍수, 폭염, 산
불 등 극단적인 기상 현상이 빈번해졌고, 온실가스 농도, 대기 온도,
해수면 온도 등 여러 분야에서 사상 최고 기록이 경신되었다. 이는 인
간 활동이 초래한 기후변화가 더욱 가속화되고 있음을 보여준다. 비
록 파리협정은 10~20년 이상 축적된 장기적인 기후 데이터를 바탕
으로 목표 달성 여부를 평가하지만, 최근의 급격한 기후변화 속에서
도 온실가스 감축 노력은 여전히 중요하다. 현재 시행 중인 다양한 탄
소 감축 정책들이 지구온난화의 속도를 늦추는 데 효과를 발휘하길
기대한다.

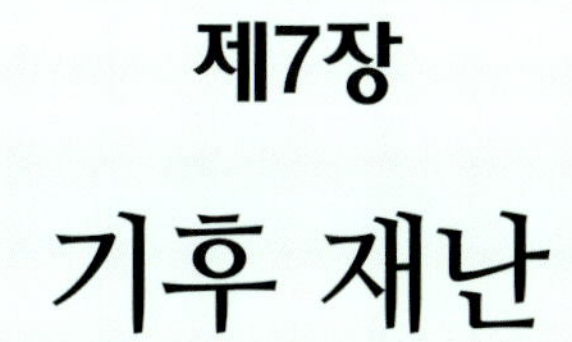

기후 재난

지구는 태양에서 평균 약 1억 5,000만km 떨어진 거리에서 약 1년(365일)의 주기로, 이심률 약 0.017의 타원 궤도를 따라 공전한다. 태양과 가장 가까울 때는 약 1억 4,700만 km까지 접근하며, 이때 공전 속도는 약 29.8km/s로 매우 빠른 속도로 움직인다. 지구의 자전축은 약 23.5° 기울어져 있어 계절의 변화가 생기며, 자전 주기는 약 23시간 56분이다. 우리가 하루를 24시간으로 인식하는 이유는 지구가 자전과 동시에 공전을 하기 때문에 실제로는 약 4분이 더 소요되기 때문이다. 이처럼 지구의 자전과 공전은 계절의 변화와 대기 순환을 만들어내며, 생명체가 살아가기 적합한 환경을 제공한다. 그러나 이러한 환경도 때때로 자연적으로 발생하는 재해로 인해 위협받는다. 화산 폭발, 쓰나미, 폭우, 산사태, 가뭄, 냉해(저온이 지속되어 농작물 생육과 수확에 영향을 주는 자연재해) 등은 인간의 생활과 생태계에 큰 피해를 초래할 수 있다.

자연재해의 피해보다 지구의 장기적인 온도 상승인 지구온난화가 초래하는 기후변화의 피해가 훨씬 더 심각하다. 현재의 기후 재난은 산업혁명 이전보다 한층 강력해졌으며, 발생 양상이 예측 불가능해

우리가 미처 대응하지 못하는 상황을 초래하기도 한다.

폭염

유럽은 6월부터 9월까지 따뜻한 날씨가 이어져 관광의 적기로 꼽히며, 연평균 기온은 3~21℃ 수준이다. 드물게 영하로 떨어지거나 26℃를 넘는 경우도 있지만, 2000년대 이후부터는 기록적인 폭염 사례가 빈번히 나타나고 있다. 2003년 서유럽은 이례적인 폭염으로 기온이 44.1℃까지 치솟았다. 이로 인해 프랑스에서만 약 1만 5,000명이 사망했고, 유럽 전체적으로는 7만 명에 달하는 인명 피해가 발생했다. 2010년 4월 14일 아이슬란드에서 화산 폭발로 초속 300m의 속도로 화산재가 8km 상공까지 분출되면서 유럽 항공편이 마비되었다. 그해 여름, 러시아 우타에서 45.4℃, 야슈쿨에서 44.0℃, 모스크바에서도 38.2℃를 기록하며 밤에도 더위가 식지 않는 열대야 현상이 나타났다. 이 폭염으로 5만 6,000명이 사망했고, 대규모 산불로 1,000만 헥타르 이상의 산림이 소실되었다. 2015년 5월 말, 인도에서는 47℃가 넘는 폭염으로 아스팔트 도로가 녹아내렸고 2,500명 이상의 사망자가 발생하였다. 2021년 6월 말에서 7월 초, 북미 서부 지역은 폭염으로 기온이 50℃에 달하며 수백 명의 사망자가 발생했고, 이는 같은 시기 아시아 평균 기온보다 1.61℃ 높았다. 특히 폭염이 장기화될 경우 생태계에 큰 영향을 미치는 산불로 이어지기 쉽고, 그 피해 규모는 매년 증가하는 추세다.

Gemini(AI 생성) 활용 및 편집

산불

2019년 9월 2일 호주 남동부 지방에서 발생한 산불은 2020년 2월 13일에야 진화되었다. 이 산불로 약 1,860만 헥타르(한반도 면적의 약 85%)가 소실되고 34명이 사망했으며, 그해 겨울철에는 한국에서도 이례적인 고온 현상이 나타났다. 한국의 경우, 시베리아 기단이 남하하는 11월부터 이듬해 봄철까지 대기가 극도로 건조해 동해안 지역이 특히 산불에 취약하다. 2022년 3월 초 동해안에서 동시다발적으로 산불이 발생해 울진에서는 1만 4,140헥타르, 삼척에서는 2,162헥타르가 소실되는 등 극심한 피해와 막대한 경제적 손실이 발생했다. 2023년 5월부터 6월까지는 캐나다 전역에서 산발적으로 발생한 산불이 9월까지 이어졌다. 연기와 그을음, 먼지가 국경을 넘어 미국 동부까지 확산되면서 대기오염이 심각해졌다. 그해 8월 18일, 브리티시컬럼비아주 주총리가 비상사태를 선포했으며, 캐나다 통합산불방제센터(CIFFC)에 따르면 8월 19일 기준 진행 중인 화재는 약 1,000건, 피해 면적은 13만 7,000㎢에 달했다. 2025년 1월 7일에는 미국 캘리포니아주 로스앤젤레스(LA) 인근 퍼시픽 팰리세이즈 지역에서 대규모 산불이 발생했다. 시속 160km에 달하는 강력한 '산타아나(Santa Ana)' 강풍을 타고 불길은 급속히 확산되었으며, LA 카운티 전역에서 10만여 명 이상이 대피하고 1,100여 개 건물이 파괴되

Gemini(AI 생성) 활용 및 편집

지구환경과 기후변화

었다. 특히, 2022년에서 2023년 폭우로 무성하게 자란 초목이 다시 건조한 날씨로 말라붙으면서 산불 확산을 더욱 부추겨, 로스앤젤레스 역사상 최악의 동시다발 대형 산불로 기록되었다. 이처럼 산불은 단순한 산림 소실에 그치지 않고, 주택과 기반 시설 파괴, 인명 피해, 야생 동물 피해까지 이어져 막대한 손실을 낳는다. 산불의 원인이 인위적이든 자연발화로 인한 것이든, 기후변화가 그 피해를 더욱 극대화하고 있다는 점은 기정사실로 받아들여지고 있다.

홍수 및 폭우

2005년 8월, 미국 남동부를 강타한 허리케인 카트리나로 인해 대규모 홍수가 발생해, 약 1,800명이 사망하고 수십만 명의 이재민이 발생했다. 2022년 파키스탄은 6월 중순에서 8월까지 3개월간 지속된 몬순 폭우로 1,400명이 사망하고 3,000만 명 이상의 이재민이 발생하였으며, 국가의 3분의 1이 침수되었다. 2024년 4월 말부터 5월 초까지 브라질에서는 폭우가 도시와 농업 지역을 휩쓸어 160명 이상이 사망했다. 피해는 기후변화뿐만 아니라 저지대 정착지와 황폐화된 산림 환경이 겹치면서 더욱 커졌다. 같은 해 7월 초, 중국에서도 폭우가 이어져 양쯔강에서 홍수가 발생했고, 이로 인해 약 99만 명의 이재민이 발생했다. 또한 제주 남서부 해역에서는 중국에서 흘러든 저염분수의 영향으로 생태계 피해 가능성에 대한 우려가 제기되었다.

Gemini(AI 생성) 활용 및 편집

가뭄

2018년부터 2020년까지 유럽은 250년 만에 가장 심각한 가뭄을 겪었다. 특히 독일, 프랑스, 체코 등 중부 유럽 지역이 특히 큰 영향을 받았으며, 유럽 육지 면적의 약 36%가 영향을 받았다. 이로 인해 밀, 옥수수, 보리 등 주요 작물의 수확량이 20~40% 감소했다. 미국 남서부 지역은 2000년대 초반부터 22년 넘게 가뭄이 지속되었으며, 이는 1,200년 만에 최악의 가뭄으로 평가되기도 했다. 특히, 캘리포니아의 호수, 저수지, 강 수위가 급격히 감소하였고, 농업과 수자원 관리에

지구환경과 기후변화

심각한 어려움이 발생했다. 프랑스 남동부 피레네 오리앙탈 지역은 2022년부터 극심한 가뭄에 시달리고 있다. 주도인 페르피냥의 2023년 누적 강우량은 평년의 절반 수준인 245mm에 불과했으며, 이는 북아프리카 튀니지 수도 튀니스보다도 적은 양이었다. 이로 인해 농업용수 사용이 제한되고 농작물 생산에 큰 차질을 빚어 수확량에도 막대한 영향을 주었다.

폭설

많은 눈이 짧은 시간 동안 집중적으로 내리는 현상을 폭설이라 한다. 기후변화로 인해 봄과 가을은 짧아지고 여름과 겨울이 길어져 그 피해와 영향도 점점 커지고 있다. 폭설의 정도와 빈도는 국가와 지역의 기후 특성에 따라 달라지며, 시설물 파괴, 농작물 냉해, 교통 두절 및 고립 등 다양한 피해를 야기한다. 2024년 11월 26일부터 29일 사이, 한국의 중부 지방, 특히 서울에는 117년 만에 11월 최고 적설량을 기록하는 이례적인 폭설이 내렸다. 특히 습기가 많은 무거운 눈(습설)이 내려 많은 불편을 초래했으며, 일부 지역에서는 최대 20cm 이상의 적설량이 관측되었다. 기상학계는 이 현상을 차가운 대륙 고기압과 예년보다 2~3℃ 높은 서해 바다의 따뜻한 수온이 만나 눈구름을 형성했고, 대기 상층의 정체된 흐름이 겹치면서 발생한 것으로 분석했다. 2025년 3월 중순에는 서울에 폭설이 내려 2010년 3월 이후 15년 만에 가장 늦은 시기의 폭설로 기록되었다. 또한 2025년 1월에

▲ 2024년 11월 27일의 폭설(습설)로
부러진 나무

는 미국 중부와 동부 지역에서 폭설이 발생해 다수의 차량 충돌 사고가 보고되었다. 이처럼 국가별, 지역별 폭설의 강도와 발생 빈도는 해마다 이례적인 기록을 갱신하고 있으며, 향후 그 영향은 더욱 커질 것으로 예상된다. 따라서 적절한 피해 대응 대책 마련이 절실하다.

빙하 감소 및 해수면 상승

빙하는 극지방 해양 생태계에 결정적인 영향을 미친다. 빙하가 녹으면 해수면이 상승할 뿐 아니라, 식물성 플랑크톤에서부터 바다표범·펭귄에 이르기까지 다양한 해양 생물 종에도 변화를 가져온다. 또한 해수 온도 상승으로 인한 용존산소량이 감소하면서 해양 생물의 집단 폐사 위험도 높아지고 있다. 여름철 빙하 융해로 증가한 수증기는 태풍·허리케인·사이클론 등 열대성 저기압의 발달을 더욱 극심하게 만들어 생태계와 인류 사회에 막대한 피해를 끼치고 있다.

북그린란드에서는 여름철 기온 상승으로 호수와 개울이 매년 형성되었다가 겨울에 다시 얼지만, 여름철 일사량 증가로 녹은 물이 얼음 틈새로 빠져나가면서 빙상 회복 속도보다 손실 속도가 빨라지고 있

지구환경과 기후변화

다. 프랑스 그르노블알프스대학교 및 국립과학연구센터(CNRS)의 로맹 밀란(Romain Millan) 박사 연구팀은 1978년 이후 북그린란드 빙상 부피가 35% 감소했으며, 면적도 5,386.6㎢에서 2013~2022년 3,305.8㎢로 줄었다고 발표했다. 2006~2018년 사이 그린란드 빙상은 해수면 상승분의 약 17.3%를 차지했으며, 전체가 녹을 경우 해수면이 2.1m 추가 상승할 수도 있다.

빙붕은 대륙 빙상의 끝부분이 바다 위로 흘러나와 형성된 두꺼운 얼음층으로, 빙상이 직접 바다로 흘러드는 것을 막아주는 방벽 역할을 한다. 그러나 북그린란드의 8개 주요 빙붕 중 Zachariæ Isstrøm, Ostenfeld, Hagen Brae 등 3개는 2000년대 이후 완전히 붕괴되었으며, 나머지 빙붕도 빠르게 줄어들고 있다. 로맹 밀란 박사는 2023년 논문에서, 남극 빙붕의 여름철 표면에 따뜻한 기후로 인해 호수가 형성되고, 이 물의 무게가 빙붕 균열을 유발할 수 있다고 지적했다. 또한 그는 녹은 호수가 단순히 호수 형태로만 존재하는 것이 아니라 크고 작은 슬러시(Slush) 형태로도 저장된다는 사실을 밝혀냈다. 2013년부터 2021년까지 인공위성 랜드샛 8을 활용해 57개 남극 빙붕의 진창 및 호수 수역을 관측한 영국 케임브리지대 스콧극지연구소(SPRI) 레베카 델 교수가 이끄는 연구(R. L. Dell 외)에 따르면,[1] 남극 여름철인 1월에는 평균 녹은 물 면적의 57%가 슬러시(slush) 형태로, 나머지 43%만 호수 형태로 저장되는 것으로 나타났다. 슬러시는 얼음보다 태양열을 더 많이 흡수해 빙붕 붕괴와 해수면 상승을 가속화할 수 있으며, 그 발생 비율은 앞으로 비선형적으로 증가할 것으로 예측된다. 한편, NASA의 2024년 11월 28일 인공위성 자료에 따르면, 전 지구 해수면은 1993년에 비해 102.8mm 상승한 것으로 측정되었다. 이러한 연구 결과들은 빙붕의 붕괴와 융해가 가속화될수록 빙상 유출과 해수면 상승이 빨라지고, 그로 인한 생태계 피해가 더욱 심화될 것임을 시사한다.

지역 사례별 기후재난

기후변화로 인한 영향은 지구 생태계 파괴뿐만 아니라 비정상적인 자연재해의 빈도와 강도를 높여 매년 수많은 인명 피해를 초래하고 있으며, 이는 질병 확산과 사회적 비용 증가로 이어지고 있다. 이러한 영향은 단순한 환경 문제를 넘어 사회·경제적 불평등과 국가 간 긴장까지 복합적으로 얽혀 있다.

폭염, 홍수, 태풍 등 재난이 늘어나면서 열사병, 호흡기 질환, 수인성 질병이 증가하고 있으며, 가뭄과 홍수로 인한 농작물 생산량 감소는 식량 가격 상승과 삶의 질 저하, 계층 간 갈등을 심화시키고 있다. 또한 산업자원과 인프라의 파괴로 복구 비용이 급증하고, 농작물과 어류의 서식지 이동, 보험 청구 급증 등으로 경제적 부담이 확대되고 있다. 이러한 피해는 특히 개발도상국, 저개발국가, 도서·산간 지역 등 기후재난에 취약한 집단에서 더욱 심각하게 나타나고 있으며, 해수면 상승과 극단적 기후로 인해 수백만 명의 기후 난민이 발생하는 불평등한 현실로 이어지고 있다.

기후변화의 피해는 전 세계적으로 나타나고 있지만, 모든 국가가 동일한 영향을 받는 것은 아니다. 특히 경제적·지리적으로 취약한 지역은 기후위기의 충격을 더 직접적이고 심각하게 겪고 있으며, 이는 생존과 안보 문제로 이어지고 있다. 다음은 기후변화에 가장 취약한 지역의 대표적 사례이다.

아프리카

사헬 지대는 니제르, 말리, 부르키나파소 등이 위치한 중부 아프리카 지역으로, 세계에서 가장 기후변화에 취약한 곳으로 꼽힌다. 이 지역은 지구 평균보다 1.5배 빠른 속도로 기온이 상승하고 있으며, 주민의 약 80%가 농업과 목축업에 의존한다. 그러나 강수 패턴이 불안정해지고 가뭄과 홍수가 잦아지면서 생계가 위협받고 식량 위기가 가속화되고 있다. 이는 분쟁과 강제 이주, 불안정을 야기하고 있다.

아프리카 동북부의 아프리카의 뿔 지역(에티오피아, 케냐, 소말리아)은 최근 수십 년 중 최악의 장기 가뭄을 겪고 있다. 다섯 차례의 우기 동안 강수가 거의 없었으며 그 결과, 물 부족과 기아, 불안정, 분쟁이 심화되었다. 그로 인해 수백만 명이 피난길에 올랐으며, 특히 소말리아에서는 2022년 한 해 동안만 117만 명이 가뭄으로 국내 실향민이 되었다.

▌남아시아(아프가니스탄, 방글라데시)

아프가니스탄은 분쟁으로 이미 취약한 상황에서 기후변화로 인한 극단적 자연재해가 점차 빈번해지고 있다. 2022년에는 장기 가뭄과 산불이 이어졌으며, 여름철에는 폭우와 홍수로 수많은 마을, 도로, 농장이 침수되었다. 방글라데시는 로힝야 난민들이 정착한 지역이 사이클론과 홍수에 반복적으로 노출되며 생존 기반이 크게 위협받고 있다.

이처럼 기후 난민 발생 규모가 큰 국가는 기후변화의 충격 또한 더 직접적이고 심각하게 겪고 있으며, 이는 단순한 주거지 상실을 넘어 사회·경제적 불안과 국제적 분쟁 요인으로 이어지고 있다.

▌오세아니아/태평양 도서국(투발루 등)

인구 약 1.14만 명의 투발루는 9개 섬 전체가 해발 4.5m 이하에 위치하며, 현재 2개 섬이 이미 바다에 잠겼다. 나머지 섬도 침수 위기에 처해 있으며, 온난화가 지속된다면 2060년대에는 전 국토가 완전히 침수되어 유엔 회원국 가운데 최초로 소멸하는 국가가 될 수 있다는 전망이 제기되고 있다.

이 밖에도 태평양의 키리바시, 피지, 마셜제도, 인도양의 몰디브, 인도네시아 자카르타, 아프리카의 모로코·이집트 해안 도시, 아프리카 대서양 연안국, 유럽의 이탈리아·그리스 해안 도시, 알래스카 등이 해수면 상승에 따른 침수 위기에 직면해 있다. 한국 또한 부산과 인천이 해수면 상승으로 인한 해안 침식이 가속화되면서, 2100년까지 일부 지역이 물에 잠길 수 있다는 전망이 나오고 있다.

❖ 주

1 Rebecca L. Dell, Ian C. Willis, Neil S. Arnold, Alison F. Banwell, Sophie de Roda Husman, "Substantial contribution of slush to meltwater area across Antarctic ice shelves," *Nature Geoscience* 17, 2024.

❖ 참고문헌

Dell, Rebecca L., Dell, Ian C. Willis, Neil S. Arnold, Alison F. Banwell, Sophie de Roda Husman. "Substantial contribution of slush to meltwater area across Antarctic ice shelves." *Nature Geoscience* 17, 2024.

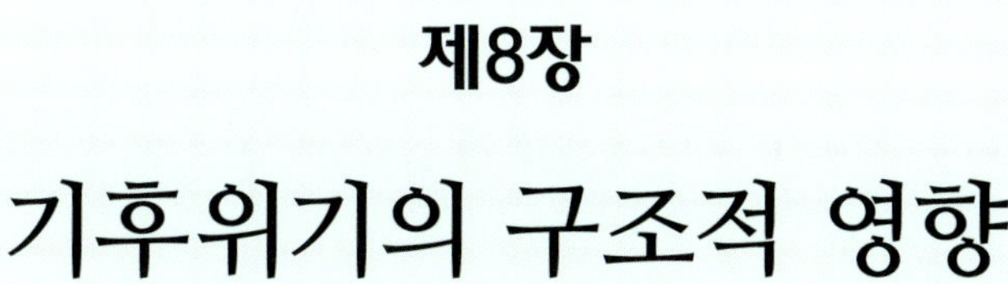

제8장

기후위기의 구조적 영향

지구온난화로 인한 지구 환경 변화는 더 심화되고 있으며, 지구의 역습은 시간이 지날수록 더욱 가속화되고 있다. 대기 중 온실가스를 줄이기 위한 노력과 더불어 온실가스 감축 대응 및 감축 기술 발전 방안에 모든 노력을 기울일 때이다. 현재의 노력에도 불구하고 미래에 직면할 위기 및 재난에 대한 준비는 턱없이 부족한 실정이다. 누군가는 세계의 탄소중립 목표에 도달하기 위한 노력이 기후위기 대응에 필요한 수준에 미흡하고 달성 불가능한 목표라고 평가하기도 한다. 기후재앙을 피하기 위해서는 기후위기 대응, 온실가스 감축 및 다양한 정책 실행이 우선되어야 한다. 이러한 실행이 지연되어 탄소 배출량이 증가하게 되면 지구 생태계가 파괴되어 인류 거주지인 '설 자리'가 점차 사라지게 될 것이다.

사막화와 토지 황폐화

기후변화는 장기적인 사막화 진행을 가속화시키고 있다. 전 세계적으로 육지 면적의 3분의 1을 차지하고 있는 산림은 벌목, 농경지 확대,

과도한 방목으로 파괴되고 있으며, 그 자리는 잡초로 대체되고 토양은 점차 황폐화되어 가고 있다. 사막화 방지를 위해 조림 사업이 추진되고 있으나 속도를 따라잡기 어려운 실정이다. 아프리카, 중국, 미국의 서부, 유럽 남부, 호주 등 세계 여러 지역에서 사막화가 확산되고 있으며, 매년 봄 중국과 몽골에서 발생하는 황사는 한국에도 영향을 미쳐 건강과 경제에 큰 피해를 주고 있다. 1994년 제정된 '세계 사막화 및 가뭄 방지의 날'(6월 17일)은 이러한 심각성을 알리기 위한 국제적 노력의 일환이다. 지난 100년간 대규모 가뭄으로 1,000만 명 이상이 목숨을 잃었고 수천억 달러의 경제적 손실이 발생했으며, 최근 40년 동안 매년 약 1,200만 헥타르의 토지가 가뭄과 사막화로 사라졌다. 사막화 요인의 87%는 과도한 방목, 경작, 산림 벌채 등 인위

지구환경과 기후변화

적 원인에서 비롯되며, 이는 토양 질 저하와 식량 생산 악순환을 불러
온다. 인구 증가로 식량 소비가 늘면서 경작지 개간은 더욱 가속화되
고 있다. 사막화를 줄이기 위해서는 단순히 나무를 심는 것에 그치지
않고, 장기적으로 아프리카를 비롯한 사막화 피해국을 지원하기 위
해 국제사회는 1994년 '사막화 방지협약'을 체결하였다. 협약은 선진
국이 피해국에 지식과 기술을 지원하는 내용을 담고 있으며, 한국도
1999년 가입해 이 노력에 동참하고 있다.

생물종 다양성 위기

생물종 다양성은 지구상에 존재하는 생물의 종류와 그 다양성을 뜻한
다. 현재까지 이름이 붙여진 생물종의 수는 약 140만 종이지만, 이름
없는 생물까지 포함하면 최소 500만에서 최대 3,000만 종에 이를 것
으로 추정된다. 이들은 다양한 서식지 안에서 생존하며 유전적 다양
성을 제공하고, 서로 어우러져 삶의 고리를 형성한다. 인간 역시 이
고리 속 일부로서 생존할 수 있다.

그러나 산림 파괴, 서식지 파편화, 기후변화로 인해 다양한 생물종
이 급격히 감소하고 있다. 바다, 강, 하천의 수온이 상승하면서 종 분
포가 달라지고 있으며, 물고기를 포함한 척추동물의 약 67%가 서식
지 파괴와 파편화로 멸종 위기에 놓여 있다. 이렇듯 파괴가 가속화해
생물 종의 생존을 더욱 위협한다. 또한 지구온난화로 극지방의 얼음
이 녹아 해수면이 상승하고 지역에 따라 집중호우, 폭설, 한파, 폭염,

가뭄 등 극단적 기상이 빈발하면서 생물의 서식 환경은 빠르게 악화되고 있다. 연구에 따르면 지구 평균 기온이 2℃ 상승할 경우 전체 생물 종의 15~40%가 멸종 위기에 처할 수 있다.

지구온난화는 식물 생태계에도 뚜렷한 변화를 일으키고 있다. 한국의 남부에서 주로 재배되던 과일이나 채소가 중부 지역으로 재배 지역을 옮겼다는 뉴스를 종종 들을 수 있다. 이처럼 지구온난화로 인해 지역별로 분포하는 식물의 종류가 달라지고 있다. 또한 추운 지방이나 고산지대처럼 특별한 식물만 자라는 곳에서도 변화가 생기기 시작했다. 예를 들어 북극 툰드라 지역에서는 고유 식물종의 키가 커지고, 원래 그 지역에서 볼 수 없었던 식물 종류가 자라기 시작했다. 또한 지구온난화는 식물이 흡수할 수 있는 중요한 영양분인 질소 순환에도 악영향을 미친다. 식물의 잎이 땅에 떨어지면 미생물이 이를 분해해 질소를 만들고, 다시 식물이 이를 흡수하는데, 지구온난화로 식물의 생장 기간이 길어지면서 문제가 발생한다. 미생물이 분해할 수 있는 잎의 양은 줄어드는 반면 식물의 질소 필요량은 늘어나 균형이 깨지고, 결국 식물들은 충분한 질소를 섭취하지 못해 점점 약해지고 있다. 그리고 지구온난화로 인해 식물의 꽃 피는 시기가 과거보다 앞당겨지면서 생태계의 균형이 흔들리고 있다. 꽃의 개화 시기와 꽃가루를 옮기는 곤충들의 활동 주기가 맞지 않으면, 수분 과정이 제대로 이루어지지 않아 식물 번식이 어려워진다. 예를 들어, 꽃은 일찍 피었는데 벌이나 나비는 아직 겨울잠에서 깨어나지 않는다면, 곤충 매개 수분에 의존하는 식물들은 번식이 어려워진다. 인간이 재배하는 작물 가운데 약 3분의 1이 이러한 곤충 매개 수분에 의존하며, 그중 80%

  지구환경과 기후변화

는 꿀벌이 담당한다. 그런데 꿀벌은 2006년 이후 전 세계에서 꿀벌 개체 수가 빠르게 줄고 있으며, 농약 사용, 서식지 감소, 곰팡이 등 여러 요인 외에도 기후변화가 중요한 원인으로 지목되고 있다.

기후변화는 동물들의 삶의 터전도 위협한다. 북극과 남극의 얼음이 녹으면서 대표적으로 북극곰은 해빙이 사라지면 가까운 미래에 멸종할 것으로 전망되며, 바다표범 역시 해빙을 의지해 살아가므로 같은 운명에 놓여 있다. 철새와 같은 장거리 이동 동물도 기후변화로 인해 이동 경로와 서식지가 달라지면서 생존 위협을 받고 있으며, 조류를 비롯한 다양한 종의 생활 양식에 큰 변화를 가져오고 있다. 피해는 육상 동물에만 그치지 않는다. 바다 표면 수온이 높아지면서 식물성 플랑크톤이 지난 100년간 약 40% 감소했는데, 이는 해양 초식동물의 주요 먹이원이자 해양 생태계의 근간이다. 따라서 플랑크톤의 감소는 해양 먹이사슬 전체를 흔들어 생태계 붕괴로 이어질 수 있다. 또한 바닷물 온도 상승은 산호에 열 스트레스를 주어 대규모 백화 현상을 일으키며, 동시에 바다에 녹아드는 이산화탄소의 양을 늘려 해수 산성화를 가속한다. 그 결과 산호의 골격이 부식되고 산호초가 황폐화되는데, 산호초는 수많은 해양 생물이 의존하는 핵심 서식지이기 때문에 그 소멸은 바다 생물종 전반의 멸종을 앞당기는 심각한 위협이 되고 있다.

사실상, 기후변화로 인한 생물 멸종은 이미 시작되었다. 2010년에 발표된 유엔 생물다양성협약 보고서에 따르면, 기후변화로 1970~2006년 사이에 지구 생물 종의 약 31%가 사라졌으며, 이는 매년 2만 5,000~5만 종이 멸종한 것과 같다. 또한 식물 종의 68%,

양서류의 41%, 파충류의 22%, 무척추동물의 30%, 포유류의 25%가 멸종 위기에 처해 있다.

식량안보 위기

국제 통계 사이트(Worldometer)에 따르면 2025년 3월 기준으로 세계 인구수는 82억 명을 넘어섰다. 2011년 약 70억 명에서 2022년 약 80억 명으로 불과 10년 만에 10억 명이 증가했으며, 현 추세가 이어진다면 2045년경에는 100억 명에 이를 것으로 전망된다. 한편, 기후위기에 따른 극한 기상 - 폭우, 폭염, 혹한 - 은 대규모 식량 불균형을 초래했다. 작황 부진으로 곡물 생산량이 감소하면서 물가 상승을 부추겼고, 이는 전 세계 식량 부족 문제를 악화시켰다. 여기에 전쟁과 분쟁이 심화되며 경제적 충격이 겹쳤다. 예컨대 수단은 내전으로 2022년에 비해 860만 명이 추가로 급성 식량 불안에 직면했다. 이로 인해 대규모 이재민이 발생하며 국제적 인구 이동이 가속화되고 있다. 실제로 기상이변은 식량 불안을 확대시키는 주요 요인이었다. 2022년에는 12개국 5,700만 명이, 2023년에는 18개국 7,700만 명 이상이 높은 수준의 급성 식량 불안에 시달렸다. 2023년 세계는 기록상 가장 더운 해였으며, 홍수·폭풍·가뭄·산불·해충·질병 등 기후 관련 충격이 이어졌다. 경제적 충격도 컸다. 식량과 농업 투입재에 대한 수입 의존, 통화 가치 하락, 높은 물가와 부채 수준 등으로 인해 21개국에서 약 7,500만 명이 심각한 식량 불안에 놓였다.

지구환경과 기후변화

　이러한 위기를 해결하려면 식량 시스템의 혁신과 함께 농업·농촌 개발을 촉진하는 장기적 국내외 투자가 필요하다. 동시에 가장 취약한 지역에 대규모 긴급 구호를 제공하고, 선제적 예방 프로그램을 조기에 실행해야 한다. 국제사회는 기아 문제 해결을 위해 일관된 관심을 유지하며, 취약계층과 약소국가에 우선적으로 지원을 집중해야 한다. 이를 통해 단계적 위기 대응을 가능하게 하고, 국제적 사회·경제적 불평등 완화에도 기여할 수 있을 것이다.

기후재정과 국제 대응의 한계

기후위기에 직면한 국가들에 대한 지원은 극히 일부만 이뤄지고 있으며, 국제 금융 지원은 이를 충족하지 못하고 있다. 전 세계 기후재정의 단 13%만이 이러한 고위험 국가들에 지원되고 있으며, 이는 1인당 약 4.70달러로 세계 위기 국가에 포함되지 않은 국가의 1인당 95달러에 비해 현저히 적은 실정이다. 기후재정의 대부분은 탄소배출량 감축에 초점이 맞춰져 있으며, 기후 적응에 할당된 비율은 단 24%에 불과하다. 따라서 국제사회는 기후변화로 가장 큰 피해를 겪는 지역에 더 많은 재정을 배분하도록 구조적 전환을 서둘러야 한다.

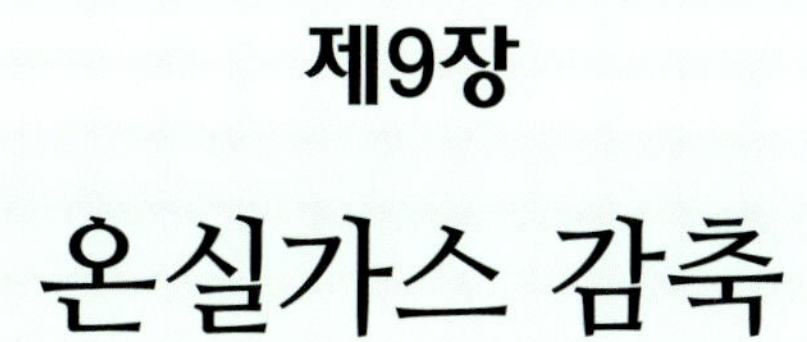

제9장

온실가스 감축

대기 중 온실가스 감축 노력은 인류 생존과도 직결된다. 이를 위해 국제사회는 감축목표를 설정하고 책임을 분담하며 다양한 정책을 시행하고 있다. 본 장에서는 온실가스 감축 활동을 이해하는 데 필요한 기본 개념과 산정 방식을 살펴본다.

온실가스 산정과 기본 개념

온실가스 배출(직접배출, 간접배출)

인간의 활동으로 인해 발생하는 온실가스 배출은 직접배출(Scope 1)과 간접배출(Scope 2, 3)로 구분된다. 직접배출(Scope 1)은 공장의 연료 연소, 제조 공정, 자동차 연료 사용 등과 같이 연료 및 원료 연소 과정에서 직접적으로 발생하는 온실가스를 의미하며, 이는 사업자가 통제 가능한 범위 내에서 이루어진다. 이에 반해, 간접배출은 외부에서 공급된 전기, 열, 스팀 사용 과정에서 발생하는 Scope 2와 공급망, 운송, 제품 사용 및 폐기 등 가치사슬 전반에서 발생하는 Scope 3을 포함한다. 즉, 간접배출은 사업자의 직접적인 통제 범위를 벗어난 온실가스 배출을 뜻한다.

활동자료

사용된 에너지 및 원료의 양, 생산·제공된 제품 및 서비스의 양, 폐기물 처리량 등과 같이, 온실가스 배출량을 산정하는 데 필요한 정량적인 측정결과를 말한다.

이산화탄소 상당량

이산화탄소 상당량이란 특정 온실가스가 대기 중에 미치는 복사 강제력을 이산화탄소(CO_2)와 비교한 단위이다. 이는 해당 온실가스의 배출량에 지구온난화지수(GWP: Global Warming Potential)를 곱해 산출한다. 「저탄소 녹색성장 기본법」 제2조 제9호, 또는 「온실가스 배출권의 할당 및 거래에 관한 법률」에 따르면 이산화탄소 상당량톤(tCO_2-eq)이란 이산화탄소 1톤이 미치는 지구온난화 효과와 동일한 수준으로 다른 온실가스의 배출량을 지구온난화지수로 환산한 값이다. 예를 들어, IPCC 2차 평가보고서(AR2: The Second Assessment Report)의 메탄(CH_4)과 아산화질소(N_2O)의 지구온난화지수는 각각 21과 310으로, 메탄(CH_4) 1톤은 이산화탄소 21톤, 아산화질소(N_2O) 1톤은 이산화탄소 310톤과 같은 온난화 효과를 낸다.

지구환경과 기후변화

따라서 메탄 배출량에는 GWP 값 21, 아산화질소 배출량에는 310을 곱해 이산화탄소 상당량으로 계산한다.

매개변수

두 개 이상 변수 사이의 상관관계를 나타내는 변수로, 온실가스 배출량 등을 산정하는 데 필요한 활동자료, 배출계수, 발열량, 산화율, 탄소함량 등을 말한다. 활동자료란 사용된 에너지 및 원료의 양, 생산·제공된 제품 및 서비스의 양, 폐기물 처리량 등 온실가스 배출량 등의 산정에 필요한 정량적인 측정 결과를 의미한다. 배출계수란 해당 배출시설의 단위 연료 사용량, 단위 제품 생산량, 단위 원료 사용량, 단위 폐기물 소각량 또는 처리량 등 단위 활동자료당 발생하는 온실가스 배출량을 나타내는 계수를 말한다. 발열량은 특정 질량의 물질이 완전 연소될 때 방출하는 열량을 나타내는 값이다. 순발열량(저위발열량)은 연료 연소 시 생성되는 수증기의 잠열을 제외한 발열량으로 온실가스 배출량 산정(직접 및 간접배출)에 활용되며. 총발열량(고위발열량)은 연료 연소 시 생성되는 수증기의 잠열을 포함한 발열량으로 에너지 사용량 산정에 활용된다. 산화율이란 단위 물질당 산화되는 물질의 비율을 말하며, 탄소함량이란 연료 및 원료에 포함된 탄소의 함유율을 의미한다.

공정배출

제품의 생산 공정에서 원료의 물리적·화학적 반응 등에 의해 발생하는 온실가스의 배출을 말한다.

온실가스 배출량 산정 접근 방법

온실가스 배출량을 산정하는 방법에는 크게 하향식(Top-down)과 상향식(Bottom-up) 방식이 있다. 하향식(Top-down) 방식은 GDP 및 에너지 소비 등 거시적인 경제활동을 근거로 온실가스 배출량을 추정하는 방법이다. 전체 배출량을 산정하기가 쉬우나 실제 부문별 배출량을 세부적으로 파악하는 데에는 한계가 있다. 상향식(Bottom-up) 방식은 산업, 수송, 건물 등 개별 부문에서의 세부적인 에너지 소비량을 근거로 온실가스 배출량을 추정하는 방법이다. 세부적인 온실가스 배출량을 정확하게 파악하기 쉽고 감축 활동이나 정책의 방향 및 효과를 정확하게 평가하기에 적합하다. 다만 방대한 자료가 필요하며, 정보 수집과 분석에 많은 시간과 노력이 요구된다.

벤치마크

온실가스 배출 및 에너지 소비와 관련하여 제품 생산량 등 단위 활동자료 당 온실가스 배출량(배출집약도) 등의 실적·성과를 국내외 동종 배출시설 또는 공정과 비교하는 것을 말한다.

지구환경과 기후변화

불확도(不確度, Uncertainty)

온실가스 배출량 등의 정량화된 값을 합리적으로 추정한 결과가 가지는 분산 특성을 나타내는 정도를 말한다. 불확도는 측정 장비의 정밀도, 활동자료의 신뢰성, 배출계수의 적합성 등 다양한 요인에 의해 발생한다. 따라서 배출량 수치를 제시할 때 불확도를 함께 제시하면 산정 결과의 신뢰성과 정확성을 보다 명확하게 전달할 수 있다.

산화율

단위 물질당 산화되는 물질량의 비율을 말한다. 산화율은 연소 과정에서 연료가 얼마나 완전히 산화(즉, 연소)되었는지를 나타내는 지표로, 이 값이 높을수록 불완전 연소로 인한 온실가스나 오염물질 배출이 줄어든다. 예를 들어, 석탄을 연소할 때 산화율이 100%에 가까우면 대부분이 이산화탄소(CO_2)로 전환되지만, 산화율이 낮으면 일산화탄소(CO)나 메탄(CH_4) 같은 다른 온실가스가 더 많이 발생할 수 있다.

순발열량, 총발열량

순발열량이란 일정 단위의 연료가 완전 연소되어 생기는 열량에서 연료 중 수증기의 잠열을 뺀 열량으로써 이는 온실가스 배출량 산정에 활용된다. 총발열량은 연료가 완전 연소될 때 발생하는 총열량으로,

수증기의 응축 잠열까지 포함한 열량을 말하며, 주로 에너지 통계와
에너지 효율 산정에 활용된다.

온실가스 인벤토리 산정등급

온실가스 인벤토리 산정등급란 온실가스 배출원을 목록별로 조사해 배
출량 자료를 구축할 때, 산정 방법의 수준과 정밀도에 따라 구분한 등
급을 말한다. 산정 방법에 따라 결과의 신뢰도와 정확도가 달라진다.

- Tier 1: IPCC에서 제시한 기본 배출계수를 적용하여 배출량을 산정
  하는 가장 단순한 방법
- Tier 2: Tier 1보다 높은 정확도를 가지며, 국가별 고유 배출계수·
  발열량 등 더 정밀한 활동자료를 적용하여 산정
- Tier 3: 사업장 배출시설 단위에서 개발된 매개변수를 활용하여 산
  정하는 방법으로, Tier 2보다 더 높은 신뢰도 보장
- Tier 4: 굴뚝 자동 측정기기(CEMS: Continuous Emission Mon-
  itoring System) 등에서 연속 측정한 자료를 활용하여 배출량을 산
  정하는 가장 정밀한 방법

최적가용기술(Best Available Technology)

온실가스 감축 및 에너지 절약과 관련하여 경제적·기술적으로 실현
가능한 범위 내에서 적용할 수 있는 가장 최신의 효율적인 기술, 활동
및 운전 방법을 말한다. 예를 들어, 건물 분야에서는 고성능 단열재나

스마트 제어 시스템을 활용하여 난방 및 냉방 에너지 소비를 크게 절
감할 수 있다.

제약발전

발전기 고장, 송전선로 고장 또는 열공급·연료제약·송전제약 등 전력
계통 운영의 제약사항(전기사업자 자신이 원인을 제공한 경우는 제외
한다)에 대하여 「전기사업법」 제45조에 따른 한국전력거래소의 전력
계통 운영지시를 받아 발전한 경우를 말한다. 제약발전을 줄이는 것은
재생에너지 확대와도 직결되며, 송전망 확충 같은 대책은 제약발전으
로 인한 불필요한 배출을 방지하고 온실가스 감축 효과를 강화한다.

MRV(Measurement, Reporting, Verification)

MRV란 온실가스 배출량 및 에너지 소비량을 산정하기 위해 측정, 보
고, 검증을 거쳐 신뢰성을 확보하는 산정 과정을 말한다.

- 측정(Measurement): 산정하고자 하는 대상의 활동자료와 배출자
  료를 정확하게 수집·계측하는 단계
- 보고(Reporting): 측정된 자료를 기반으로 산정한 배출량 및 에너지
  소비량을 투명하게 공개·관리하는 단계
- 검증(Verification): 보고된 정보의 신뢰성과 정확성을 확보하기 위
  해 제3자가 평가·확인하는 단계

바이오매스(Biomass)

바이오매스는 식물, 동물, 미생물 등 생물체에서 얻어지는 유기물을 의미한다. 바이오매스는 주로 바이오가스, 바이오 알코올, 바이오 디젤 등의 연료 및 원료를 사용하는 경우 그 함량을 분석하여 해당 함량만큼 이산화탄소 배출량을 제외할 수 있다. 이는 생물 기원에서 생성된 유기물이 지구 생물학적 순환에 의해 자연스럽게 전환된다는 의미를 담고 있다. 단, 바이오매스 연소 시 발생하는 메탄 및 아산화질소는 온실가스 배출량 산정에 포함된다. 바이오매스는 '탄소중립 연료(carbon-neutral fuel)'로 간주되어 신재생에너지 확대 정책에서 중요한 역할을 한다.

이산화탄소 포집 및 처리 방법

온실가스 감축을 위한 공장 굴뚝에서 배출되고 있는 이산화탄소 포집·처리 및 활용 방법은 온실가스 배출을 억제하고 탄소중립을 달성하기 위한 중요한 수단이다.

- CCS(Carbon Capture and Storage): 산업시설에서 배출되는 이산화탄소를 포집한 뒤 압축·운송하여 지하 깊은 층이나 해저 저장소에 저장하는 기술이다. 이산화탄소를 땅속 깊은 지층이나 해저 지층에 주입하여 저장하고, 시간 경과에 따른 용해 및 광물화를 유도하는 방법이다.
- CCU(Carbon Capture Utilization): 산업시설 공정에서 배출되는

지구환경과 기후변화

이산화탄소를 포집 및 저장 후 활용하는 기술로, 화학적 전환(고분자, 액체연료, 합성가스 등), 생물학적 전환(바이오 연료, 바이오 소재 등), 광물화 전환(탄산염 광물, 신소재, 시멘트 등) 및 이산화탄소 재사용 전환(드라이아이스, 의료용, 식음료, 냉매, 드라이클리닝 용제 등) 등이 있다.

- CCUS(Carbon Capture Utilization and Storage): CCS 및 CCU 방법을 결합한 개념으로, 화석연료에서 배출되는 이산화탄소를 포집, 압축, 운송, 저장하거나 활용하는 통합 기술이다. CCUS는 온실가스 감축과 동시에 새로운 산업 창출, 에너지 전환, 산업 경쟁력 강화에 기여할 수 있는 핵심 기술로 주목받고 있다.

소규모 배출시설

기준 기간 동안의 온실가스 배출량 연평균 총량이 100톤 CO_2-환산량(tCO_2-eq) 미만인 배출시설을 말한다. 이때 연평균 총량은 명세서를 기준으로 산정한다.

기준기간

기준기간은 주로 온실가스 배출권 할당량 산정의 기초 자료로 활용된다. 매 계획기간 시작 4년 전부터 직전 3년간을 말한다. 다만, 「제3조 제1항 제3호 및 제5호」에 따른 업체 중 할당대상업체로 지정된 경우에는, 해당 업체가 할당대상업체로 지정되기 직전 3년간을 기준기간으로 한다.

명세서

할당대상업체가 「기후위기 대응을 위한 탄소중립·녹색성장 기본법」 제27조 제1항에 따른 관리업체(이하 '관리업체')로서 제출한 명세서와, 같은 법 제24조 및 영 제13조 제2항에 따라 제출한 명세서를 말한다. 명세서는 주로 온실가스 배출량 및 에너지 사용량 등 기초 자료를 보고하는 문서를 의미한다.

할당계수

배출권 할당대상업체 간 형평성을 확보하기 위하여 부문 또는 업종 내의 일부 배출활동에 대해 할당량을 차등 인정할 수 있도록 할당계획에서 정하는 계수를 말한다. 할당계수는 동일 업종 내에서도 공정, 연료 특성, 기술 수준의 차이를 반영하여 공정한 배출권 배분과 감축 유도를 가능하게 하는 제도적 장치이다.

추가성(追加性, Additionality)

인위적으로 온실가스를 저감하거나 에너지를 절약하기 위하여 일반적인 경영여건에서 자연스럽게 이루어질 활동 이상의 추가적인 노력이나 조치를 의미한다.

지구환경과 기후변화

탄소 크레딧(Carbon Credits)

탄소 크레딧은 온실가스 배출 감축 활동이나 흡수 활동을 통해 실제로 감축된 배출량을 인증받아 거래할 수 있는 단위를 말한다. 기업이나 개인이 탄소배출 상쇄 또는 흡수 활동에 대한 프로젝트를 수행하고, 그 결과를 인증기관으로부터 검증받으면 탄소 크레딧이 발급된다. 보통 1톤 CO_2 환산량 감축 = 1 크레딧으로 발급되며, 예를 들어 한 기업이 1,000톤의 CO_2 배출을 줄였다면 1,000개의 탄소 크레딧을 받을 수 있다.

탄소배출권(Carbon Emission Allowances or Carbon Offsets)

탄소배출권은 정부 또는 규제기관에서 발행하는 온실가스를 일정량까지 배출할 수 있는 권리를 의미한다. 기업은 배출권을 배출권거래제 시장에서 사고팔 수 있으며, 자체 감축 노력에 따라 남는 배출권을 판매하거나 부족한 배출권을 구매할 수 있다.

신재생에너지 공급의무화(RPS: Renewable Portfolio Standard)

일정 규모 이상의 발전 사업자에게 총발전량 중 일정량 이상을 신재생에너지로 공급하도록 2012년부터 의무화한 제도이다. 신재생에너지 발전 설비에서 생산된 전력은 신재생에너지 공급인증서(REC: Renewable Energy Certificate)로 발급된다. RPS 제도는 신재생에

너지 보급 확대와 동시에 온실가스 감축을 유도하는 핵심 정책 수단
으로 활용된다.

교토의정서(Kyoto Protocol)

유엔의 기후변화협약의 구체적인 이행 방안을 규정한 국제협약으
로, 이산화탄소(CO_2), 메탄(CH_4), 아산화질소(N_2O), 수소불화탄소
(HFCs), 과불화탄소(PFCs), 육불화황(SF_6) 등 총 6대 온실가스를 규
제 대상으로 하여 감축 의무를 부과하였다. 1997년 12월 11일 일
본 교토에서 개최된 지구온난화 방지 교토 회의 제3차 당사국총회
(COP3)에서 채택되었으며 2005년 2월 16일에 발효되었다. 정식 명
칭은 '기후변화에 관한 국제 연합 기본협약의 교토의정서'(Kyoto
Protocol to the United Nations Framework Convention on
Climate Change)이다. 기간은 2020년 12월 31일까지이며, 이후 교
토의정서는 공동이행제도(JI: Joint Implementation, 제6조), 청정
개발제도(CDM: Clean Development Mechanism, 제12조), 배출권
거래제(ET: Emission Trading, 제17조) 등을 통해 온실가스 감축을
위한 시장 메커니즘을 이행하였다.

파리협정(Paris Agreement)

2015년 11월 30일부터 12월 11일까지 프랑스 파리에서 열린 제21
차 유엔기후변화협약 당사국총회(COP21)에서 195개국이 12월 12일

　　　　　　　　　　　　　　　　지구환경과 기후변화

채택한 협정이다. 교토의정서의 한계를 극복하기 위하여 마련되었으며, 2020년 교토의정서 2차 공약 기간이 종료된 뒤 2021년부터 본격 적용되고 있다. 파리협정은 종료 시점을 두지 않는 장기 협약으로, 지구 평균 기온 상승을 산업화 이전 대비 2℃보다 낮게 유지하고, 나아가 1.5℃ 이하로 제한하기 위한 노력을 추구한다. 전 세계는 최대한 빨리 배출량을 급격하게 감축해야 하며, 21세기 후반에는 발생한 온실가스 배출량만큼 흡수량을 늘려 배출과 흡수 사이의 균형을 달성해야 한다. 또한 당사국들은 스스로 정한 감축목표(NDC)를 5년마다 제출하고, 이행 사항들을 주기적이고 투명하게 점검하며, 이전보다 더 높은 수준의 목표를 담고 있는 새로운 NDC를 제출해야 한다. 파리협정의 주요 내용은 지구온난화로 인한 기온 상승을 산업화 이전 대비 2℃ 이하로 억제하고, 나아가 1.5℃ 이내로 제한하기 위해 노력하는 것을 핵심으로 한다. 이는 기후변화로 인한 위험과 영향을 현저히 줄여야 한다는 점을 인식하는 내용을 골자로 하고 있다. 2015년 파리협정 채택 이후, 각국은 2030년까지의 온실가스 감축목표를 담은 NDC를 제출했으며, 탄소중립 선언 이후 주요국은 이를 상향 조정하였다. 유럽연합(EU)은 1990년 대비 최소 55% 감축, 영국은 1990년 대비 68% 감축, 미국은 2005년 대비 50~52% 감축, 캐나다는 2005년 대비 40~45% 감축, 일본은 2013년 대비 46% 감축을 발표하였다.

BAU(Business As Usual)

온실가스 감축을 위한 인위적인 조치가 없는 상태에서, 현재의 추세가 그대로 지속될 경우 예상되는 온실가스 배출량 전망치를 의미한다. 한국은 2015년 6월 30일, 2030년 온실가스 배출량을 BAU(8억 5,060만 톤) 대비 37% 줄이기로 확정했으며, 이에 따른 감축목표량은 5억 3,587만 톤이 된다. 이후 목표치를 상향하여 2018년 배출량(7억 2,760만 톤) 대비 40% 감축(약 2억 9,100만 톤)을 목표로 수정하였고, 이는 2030년 국가 온실가스 감축목표(NDC)에 반영되어 있다.

국제협약과 제도적 대응

앞서 살펴본 온실가스 산정과 기본 개념은 국제적인 감축 논의와 제도적 대응의 기초가 된다. 이러한 배경 속에서 국제사회는 공동 대응의 필요성을 인식하여 다양한 기후변화 협약을 체결해 왔으며, 그 대표적인 사례가 파리협정이다. 2015년 11월 30일부터 12월 11일까지 프랑스 파리에서 열린 제21차 유엔기후변화협약 당사국총회(COP21)에서 195개국은 12월 12일 파리협정(Paris Agreement)을 채택하였다. 이 협정은 교토의정서의 한계를 극복하고 대체하기 위한 새로운 기후변화 협정으로, 종료 시점이 없는 지속적 체제이다. 파리협정의 핵심 목표는 산업화 이전 대비 지구 평균 기온 상승을 2℃ 이내로 억제하고, 나아가 1.5℃ 이하로 제한하기 위해 모든 국가가 이산화탄소 순배출량 '0'을 달성하는 것이다. 이를 위해 각국은 자체적으로 온실가스 감축목표(NDC)를 설정하고, 5년마다 이를 제출·점검하며 이전보다 강화된 목표를 내야 한다.

교토의정서가 주로 온실가스 감축에만 초점을 맞췄던 것과 달리, 파리협정은 감축, 적응, 재원, 기술 이전, 역량 강화, 투명성 등 다양한 분야를 포괄한다. 선진국은 배출 절대량 감축 의무를, 개발도상국은 경제 전반의 구조적 감축을 권장받는 방식으로 국가별 책임 수준에 차등을 두었다. 이는 기후변화로 인한 위험과 영향을 실질적으로 줄이고, 식량 생산을 해치지 않는 범위에서 기후 적응 능력을 강화하며, 저탄소 개발과 기후 회복을 지원하는 방향으로 금융·경제 체제를 전환하는 것을 핵심 목표로 한다.

1850년 전 세계 온실가스 배출량(토지 이용 포함)은 약 42억 2,000만 톤이었으나, 2023년에는 538억 2,000만 톤으로 기하급수적으로 증가하였다. 2023년 기준 1인당 배출량은 미국 17.2톤, 중국 9.8톤, 영국 5.7톤, 인도 2.9톤, 세계 평균 6.7톤이었으며, 한국은 12.1톤으로 비교적 높은 수준을 기록했다. 특히 미국은 여전히 중국의 약 두 배에 달하는 1인당 배출량을 보였다. 국가별 총 배출량 순위는 시간에 따라 크게 변해왔다. 1850년에는 미국이 1위였고, 중국·러시아·인도·영국 등이 뒤를 이었으며 한국은 51위였다. 1990년에도 미국이 1위를 유지했으나, 이후 중국이 급격히 부상하여 2022년과 2023년 모두 세계 최대 배출국이 되었고, 미국·인도·러시아가 뒤를 이었다. 같은 해 한국은 13위를 기록해 과거에 비해 크게 상승하였다.

현재 세계 최대 온실가스 배출국인 미국은 국제 기후 협력에서 큰 변화를 보여 왔다. 도널드 트럼프 행정부는 2017년 6월 임기 시작 직후 파리협정 탈퇴를 선언하고, 2019년 11월에는 이를 유엔에 공식 통보하여 2020년 탈퇴 효력이 발생했다. 그러나 조 바이든 대통령은 취임 당일 파리협정 재가입을 선언하며 트럼프 정부의 정책을 뒤집었다. 하지만 2025년 1월 21일 두 번째 임기를 시작한 트럼프 대통령은 다시 탈퇴 행정명령에 서명했고, 이로써 미국은 이란, 리비아, 예멘과 함께 협정에 가입하지 않는 나라가 됐다. 세계에서 가장 영향력이 큰 배출국의 이 같은 반복된 탈퇴는 국제적 기후 대응 전략에 심각한 타격을 주고 있으며, 향후 배출량 증가도 우려된다. 그럼에도 불구하고 미국 내 주요 기업들은 정부의 결정과 무관하게 파리협정을 지지하며 독자적인 기후 대응 노력을 이어가겠다고 밝혔다.

한국 역시 파리협정의 틀 안에서 감축목표를 설정했다. 2015년 6월 30일, 박근혜 정부는 2030년까지 배출전망치(BAU) 대비 37%를 감축하겠다고 결정했다. 이 중 25.7%는 국내 순수 감축, 나머지 11.3%는 국제 탄소시장을 활용한다는 방침이었다. 이는 국내외에서 예상한 20%대보다 높은 수준이었으며, 같은 해 12월 3일 한국은 파리협정을 발효했다. 이후 정부는 선진국들이 주로 사용하는 절대 감축량 기준으로 목표 제시 방식을 바꾸어, 2030년까지 2017년 대비 24.4% 감축을 발표했다. 더 나아가 2021년 2050 탄소중립위원회의 보도자료를 통해 2018년 배출량 대비 2030년 40% 감축목표로 상향 조정하였다.

그러나 이러한 국가적 목표와 정책만으로는 충분하지 않다는 우려가 제기되고 있다. 파리협정에서의 마지노선인 1.5℃ 목표는 이미 위

지구환경과 기후변화

험한 수준으로 다가왔으며, 이에 따라 시민사회와 법원도 적극적으로 대응에 나서고 있다. 미국 하와이주의 아동과 청소년들은 주 정부의 기후변화 책임을 묻는 소송을 제기했고, 합의문에는 2045년까지 탄소배출량을 0으로 줄이는 것을 넘어 대기 중 탄소를 줄이는 '네거티브 배출'을 달성하기 위한 변화와 계획 수립이 포함되었다. 이 소송은 2022년 당시 9세에서 18세의 청소년들이 정부의 고속도로 건설이 환경을 파괴하고 기후변화를 심화시킨다고 주장하며 시작된 것으로 이후 미국 몬태나, 캘리포니아, 유타, 버지니아 등 다른 주에서도 청소년 주도의 기후 소송으로 확산되었다. 한국에서도 2024년 8월 29일 헌법재판소가 '기후 위기 대응을 위한 국가 온실가스 감축목표 사건'에 중요한 결정을 내렸다. 헌법재판소는 국가가 법령과 행정계획으로 설정한 감축목표가 불충분하여 국민의 환경권을 침해한다고 판단했다. 특히 「탄소중립·녹색성장 기본법」 제8조 제1항이 2030년까지의 감축목표만 규정하고, 2031년~2049년까지의 구체적 목표를 제시하지 않은 점을 문제 삼아 과소보호금지원칙과 법률유보원칙에 위반된다고 결정한 것이다. 다만 사회적 합의 도출에 시간이 필요하다는 점을 고려하여, 2026년 2월 28일까지 개선 입법을 하도록 하면서 그 시점까지 해당 조항의 효력을 유지하는 헌법불합치 결정을 선고했다. 헌법재판소는 지구온난화의 속도를 늦추려면 온실가스의 양을 줄이는 노력이 반드시 필요하며, 현재의 불충분한 대응은 미래 세대의 부담을 더욱 가중시킨다는 점을 강조했다. 이는 아시아 최초로 정부의 불충분한 기후 대응이 국민의 기본권 보호 의무 위반에 해당한다고 판단한 사례로서 큰 의미를 가진다. 이러한 판결과 소송들은 세계 각국에서 확산되며, 온실가스 배출에 따른 기후변화가 지구 생태계 및 인류에게 크나큰 영향을 끼치고 있음을 여실히 보여주고 있다.

기후변화에 따른 향후 온도 변화 시나리오

그러나 국제협약과 각국의 노력이 이어지고 있음에도 불구하고, 과학자들은 앞으로의 기후 전망이 여전히 심각하다고 경고한다. IPCC는 다양한 시나리오를 통해 지구온난화가 인류와 생태계에 어떤 영향을 미칠지 구체적으로 제시하고 있다. 이미 기후변화는 지구의 균형을 흔들며 자연 생태계와 인류 사회 전반에 심각한 악영향을 끼치고 있다. 이제는 온실가스 감축 노력뿐 아니라 급격히 심화되는 영향에 대응하고 적응해야 하는 이중, 삼중의 부담을 안게 되었다. 교란된 환경 시스템을 복구하기 위해서는 오랜 시간이 필요하지만, 극한 기후 현상과 그 강도 증가는 더욱 빨라지고 있어 적응할 시간은 점점 부족하다. 기후변화는 이미 식수 확보, 식량 생산, 건강, 생태계 등 인류 시스템 전반에 여러 부정적 영향을 미치고 있다. 산업화 이전 대비 지구 평균 기온 상승을 2℃ 이하로, 더 나아가 1.5℃ 이내로 제한하자는 2015년 파리협정의 목표에도 불구하고, 2024년 이미 1.5℃를 넘어섰다. 현재와 같은 추세라면 2020년대 말에는 2℃마저 돌파할 것이라는 전망이 나오고 있다.

IPCC 기후변화(2022) 보고서는 2040년 이후 지구온난화 수준에 따라 자연과 인간 시스템 전반에 심각한 위험이 발생할 것이라고 경

지구환경과 기후변화

고한다. 특히 온난화가 지속될수록 생물다양성 손실과 전 세계 생태계 붕괴는 더욱 가속화될 것으로 전망된다. 지구 평균 기온이 1.5℃ 상승하면 생물종의 3~14%가 멸종 위기에 처하지만, 2℃에서는 3~18%, 3℃에서는 3~29%, 4℃에서는 3~39%, 5℃에서는 3~48%까지 그 비율이 늘어난다. 또한 2℃ 상승 시 전 세계 가용 수량은 최대 20% 감소하고, 빙하 질량은 18%±13% 감소할 것으로 전망되었다. 이 경우 해수면 상승으로 인한 식량 안보 위험이 두 배로 증가하며, 사하라 이남 아프리카·남아시아·중남미·군소 도서국에서는 영양실조와 영양 결핍이 심화될 것이다. 더불어 토양 건강 악화, 해충과 질병 확산, 해양 생물량 감소로 육지와 바다의 식량 생산성이 동시에 약화된다. 이러한 변화는 인간 건강에도 직접적인 위협을 준다. 폭염과 한파로 인한 사망률의 지역 격차가 뚜렷해지고, 수인성·식품매개 질병이 확산되며, 심리적 불안과 스트레스 같은 정신건강 문제 또한 증가할 것으로 예상된다. 나아가 지구온난화 수준이 4℃에 도달하면, 이러한 변화폭이 두 배에 이를 것으로 전망된다.

　IPCC 6차 평가보고서는 2100년 복사강제력 수준을 기준으로 한 기존 RCP(Representative Concentration Pathways, 대표농도경로) 개념을 보완해, 사회·경제적 변화를 함께 고려한 공통사회경제경로(SSP: Shared Socioeconomic Pathways) 시나리오를 제시했다. 이는 인구통계, 경제발달, 복지, 생태계 요소, 자원, 제도, 기술발달, 사회적 인자, 정책 등 다양한 요인을 반영하여 미래 기후 전망을 구체화한 것이다. SSP1-2.6, SSP2-4.5, SSP3-7.0, SSP5-8.5 시나리오에서 앞의 숫자(1~5)는 사회 발전 수준과 온실가스 감

종류	의미	전 기구 기온 (2100년)	CO_2 농도 (2100년)
SSP 1-2.6	재생에너지 기술발달로 화석연료 사용이 최소화되고 친환경적이고 지속가능한 경제성장을 이루는 경우	약 +1.9℃	421ppm
SSP 2-4.5	기후변화 완화 및 사회경제 발전 정도가 중간 정도에 머무르는 경우	약 +3.0℃	538ppm
SSP 3-7.0	기후변화 완화 정책에 소극적이며 기술개발이 지연되어 기후변화에 취약한 사회구조가 지속되는 경우	약 +4.3℃	670ppm
SSP 5-8.5	산업기술 발전에 집중하면서 화석연료 사용이 크게 늘고, 도시 위주의 무분별한 개발이 확대되는 경우	약 +5.2℃	936ppm

출처: 기상청 기후정보포털, http://www.climate.go.kr

축 노력의 정도를 의미하며, 뒤의 숫자(2.6, 4.5, 7.0, 8.5)는 기존 RCP(Representative Concentration Pathways, 대표농도경로)와 마찬가지로 2100년을 기준으로 한 복사강제력을 나타낸다.

SSP1-2.6 시나리오에서는 재생에너지 기술발달로 화석연료 사용이 최소화되고 친환경적이고 지속가능한 경제성장이 이루어진다고 가정한다. 이 경우 2100년 지구 온도는 약 1.9℃ 상승하고, 대기 평

지구환경과 기후변화

균 CO₂ 농도는 421ppm에 이를 것으로 전망된다. 반대로 SSP5-8.5 시나리오에서는 온실가스 감축 노력이 거의 없이 산업기술 발전에 집중하는 상황을 가정한다. 이 경우 2100년 지구 온도는 약 5.2℃ 상승하고, 대기 평균 CO₂ 농도는 936ppm에 도달할 것으로 보인다.

기후변화 영향과 위험은 전 지구에서 동시다발로 발생하며, 여러 지역에 걸쳐 연쇄적으로 확대된다. 그 결과 사회·경제 시스템은 티핑 포인트를 넘어설 위험에 직면하고, 생태계 파괴, 생물종 멸종, 인류의 사회경제 및 건강에 막대한 피해를 끼치게 될 것이다. 온실가스 감축 노력과 더불어 육상, 담수, 해안 정비, 생태계 보전 등 기후변화에 대비한 단계별 관리가 필요하다. 또한 향후 복원 및 변화에 대비한 사회, 경제, 정책적 계획을 수립할 필요가 있다. 이러한 대응은 우선순위를 명확히 설정하고 역량 강화를 중심에 두는 방향으로 추진되어야 한다. 아울러 제도 개선과 함께 다양한 제약을 극복하기 위한 국제적 연계와 협력적 활동이 병행되어야 한다.

온실가스 감축을 위한 실행 전략

배출권거래제(Emission Trading Scheme)

배출권거래제는 정부가 온실가스 배출 허용량을 국가나 기업에 할당하고, 이 배출권을 시장에서 거래할 수 있도록 한 제도로서, 배출 허용량을 초과한 기업은 배출권을 구매해야 하고, 할당량보다 더 줄인 기업은 남는 배출권을 판매할 수 있어 기후변화 대응에 효과적인 수단으로 작용한다. 한국의 경우, 2010년 제정된 '저탄소 녹색성장 기본법'을 근거로 2030년까지 2018년 대비 온실가스 배출량 40% 감축이라는 중기 감축목표를 설정하였으며, 이를 뒷받침하기 위해 2011년부터 목표관리제(Target Management System)를, 2015년부터는 '온실가스 배출권의 할당 및 거래에 관한 법률'에 따른 배출권거래제(세계 7번째 도입)를 시행하였다. 목표관리제는 온실가스 감축을 위한 정부의 규제 기반 제도로 업체 기준 연간 배출량 5만 톤 또는 500TJ, 사업장 기준 2만 5,000톤 또는 100TJ 이상을 대상으로 2011년부터 시행되었다. 이후 2012년과 2014년에 업체 및 사업장 기준을 강화하였으며, 2022년 3월 25일부터는 에너지 사용량 기준을 제외하고 업체 기준 5만 톤, 사업장 기준 1만 5,000톤 이상의 배출시설을 대상으로 시행하고 있다. 또한 2022년 제정된 '기후위기 대응을 위한 탄소중립·녹색성장 기본법' 시행령과 행정규칙 개정에 따라, 2025년 6월부터 예상 배출량 방식의 목표 설정에서 기준연도를 고려한 절대량 방식의 목표 설정으로 강화되며 계획기간도 기존 1년에서 5년으로 확대되었다.

앞서 살펴본 배출권거래제의 도입 배경과 적용기준 변화에 이어, 실제 제도의 운영은 계획기간을 기준으로 단계적으로 추진되고 있다. 2015년부터 시행된 온실가스 감축을 위한 경제 유인 기반 제도인 배출권거래제는 1차 계획기간(2015~2017), 2차 계획기간(2018~2020), 3차 계획기간(2021~2025)을 거쳐 4차 계획기간(2026~2030) 및 5차 계획기간(2031~2035)으로, 기획재정부와 환경부(기후에너지환

지구환경과 기후변화

경부, 2025년~현재)가 공동으로 10년 단위로 수립하고 5년마다 시행하고 있다. 2050 탄소중립 사회로 나아가기 위한 핵심적인 정책 수단인 배출권거래제는 업체 기준 연간 배출량 12만 5,000톤 또는 사업장 기준 2만 5,000톤 이상을 대상으로 하며, 배출권 가격에 따른 수요와 공급을 통해 국가 온실가스 배출량의 약 74%를 관리하는 제도이다.

배출권거래제에서의 할당 기준으로는 '배출량 기준'과 '배출효율 기준'이 있다. 배출량 기준 할당방식(GF: Grand Fathering)은 기업의 과거 온실가스 배출량에 따라 배출권을 할당하는 방식으로 할당량

표 9.2 목표관리제와 배출권거래제 비교

구분	목표관리제	배출권거래제
관리 형태	직접 규제(할당량 준수) • 기준연도를 고려한 절대량 방식 변경 (2025년 6월)	시장 기반(배출권 거래)
사업장 기준	15,000tCO$_2$eq (2014. 01. 01)	25,000tCO$_2$eq (2014. 01. 01)
계획기간	1년에서 5년으로 변경	5년
측정·보고·검증 (MRV)	운영지침, 제3자 검증	운영지침, 제3자 검증
이월, 차입, 상쇄	불인정	인정
거래	불인정	인정
과태료	1,000만 원 이하 과태료	초과배출량 비례 과징금

을 산정하기에는 용이하나 과거에 배출을 많이 하는 기업일수록 더 많은 배출권을 받게 되고, 감축 노력을 통해 배출량을 줄인 기업은 할당량도 줄어들어 감축 한계가 있다. 배출효율 기준 할당방식(BM: Benchmark)은 업종 단위 생산량 대비 평균 배출량을 기준점으로 삼아 배출권을 할당하는 방식이다. 이 경우 기준점보다 온실가스 배출량이 적은 기업에게는 더 많은 배출권이 할당되고, 배출효율이 낮은 기업에게는 적은 배출권이 배분되어 온실가스 감축 기술 도입과 설비 투자, 효율적 생산을 유도하는 장점이 있다. 그러나 기준점 산정이 쉽지 않아 현재는 일부 업종에만 적용되고 있다.

재생에너지(Renewable Energy)

햇빛, 물, 바람 등 자연적으로 재생되어 보충되는 에너지를 재생에너지라 하며, 녹색에너지 또는 그린에너지라고도 한다. 한국은 태양광, 태양열, 풍력, 수력, 지열, 해양, 폐기물 및 바이오까지 총 8가지의 재생에너지로 정의하고 있다.

- **태양광:** 태양전지를 이용해 태양빛을 전기에너지로 전환하는 발전 방법
- **태양열:** 태양열을 모아 고온의 공기 및 수증기를 만들어 터빈을 돌리는 발전 방법
- **풍력:** 바람의 힘을 이용하여 전기에너지를 생산하는 발전 방법
- **지열:** 지구 내부의 물(온천) 및 암석(마그마 등)에 저장된 열에너지를 사용하는 방법

지구환경과 기후변화

- **수력:** 물의 높낮이 차이로 발생하는 위치에너지를 터빈의 운동에너지로 전환하여 전기를 얻는 발전 방법
- **해양에너지:** 파랑, 조석, 조위, 해수 온도차 등 바다의 물리적 작용을 전력발전에 이용하는 방법
- **바이오에너지:** 식물, 동물 등의 유기물(biomass)을 열분해하거나 발효시켜 에너지를 얻는 방법
- **폐기물에너지:** 산업 활동이나 가정에서 발생하는 가연성 폐기물을 연료로 만들거나 에너지로 사용하는 방법

재생에너지는 탄소배출이 없는 무공해 에너지로 고갈되지 않는 장점이 있으며, 미래 탄소중립을 위한 산업활동의 핵심 수단으로 전 세계 국가들이 다양한 개발 연구에 매진하고 있다. 한국도 재생에너지 보급 확대를 위해 다양한 정책들을 수립하고 있으며 2030년까지 재생에너지 설치 용량을 3배까지 확충하겠다는 COP28의 목표 설정에도 참여하였다. 현재 전 세계 약 130여 개 국가도 이 목표에 동참하고 있다.

에너지원은 크게 자연에서 얻는 재생에너지와 기존 자원을 활용하는 청정에너지(신에너지)로 구분된다. 기존에 존재하는 자원에 새로운 기술을 더하여 친환경적으로 에너지를 얻는 청정에너지 또는 신에너지는 수소에너지, 연료전지 및 석탄을 가스화·액화한 에너지를 가리킨다. 자연환경에 따라 재생에너지의 발전량이 일정치 않고 간헐적인 재생에너지의 한계를 보완하기 위해 청정에너지의 기술 개발에 다양한 활동이 이루어지고 있다.

- **수소에너지:** 물을 전기 분해하여 수소로 전환하여 기체 상태의 수소를 에너지원으로 사용하는 방법
- **연료전지:** 연료의 화학에너지(수소, 메탄올, 천연가스 등)를 직접 전기로 전환하여 에너지를 얻는 방법
- **석탄 가스화·액화:** 석탄 및 중질잔사유 등 저급 원료를 고온·고압에서 불완전연소 및 가스화시켜 가스터빈 및 증기터빈을 구동하여 전기를 얻는 방법

신에너지와 재생에너지를 아우르는 신·재생에너지는 한국기업들도 지속가능한 미래를 위해 미래를 위해 집중하고 있는 분야이다. 이를 위해 소재 기술 개발, 인프라 구축, 세계화 추진 등 다양한 활동을 전개하고 있다.

이러한 신·재생에너지 확대 노력은 기업들의 자발적 참여와 글로벌 캠페인으로 이어지고 있다. 대표적인 사례가 바로 RE100이다. RE100 캠페인은 기업이 사용하는 전력의 100%를 태양광·풍력 등 친환경 재생에너지로 조달하겠다는 자발적 글로벌 이니셔티브이다. RE100 캠페인은 국제 비영리 환경 단체인 The Climate Group과 CDP가 연합하여 2014년 뉴욕 기후주간에서 처음 발족했으며, 이듬해 열린 파리협정의 성공을 뒷받침하기 위한 지지 캠페인으로 시작되었다. 참여 기업은 2050년까지 100% 달성을 목표로 하며, 연도별 목표는 기업이 자율적으로 수립하되, 2030년 60%, 2040년 90% 이상의 실적 달성을 권고받는다. 연간 전력 소비량이 100GWh 이상 소비 기업이나 Fortune 1,000대 기업과 같이 글로벌 위상을 가진 기업을 대상으로 하고 있다. RE100 이행에 대한 검증 방법은 기업의 재생에

너지 사용 실적을 제3기관을 통해 검증하며, CDP 위원회의 연례보고
서를 통해 이행실적을 공개하고 있다.

- CDP(Carbon Disclosure Project): 영국의 비영리기구로, 전 세계
  기업들이 기후변화에 관한 온실가스 배출량 및 환경·탄소경영 전략
  등 정보를 공개하고 지속가능성을 평가받도록 하는 단체이다. 2000
  년에 설립되어 현재까지 많은 기업들이 참여하고 있다.

- PPA(Power Purchase Agreement): 전력구매계약(PPA)으로, 에너
  지 구매자와 에너지 제공업체 간의 장기 계약을 의미한다. '신에너지
  및 재생에너지 개발·이용·보급 촉진법 제2조 제2호'에 따른 재생에
  너지를 이용하여 생산한 전기를 전기사용자에게 공급하는 것을 주된
  목적으로 하는 사업을 말한다. 글로벌 참여 기업은 2014년 기준 13
  개에서 2024년 7월 말 기준 433개사로 증가하였다.

- 녹색 프리미엄: 재생에너지 전기를 소비하고 이를 인증받기를 희망
  하는 전기사용자가 자발적으로 납부 금액을 약정한 뒤 기존 전기요
  금에 별도 프리미엄을 추가로 지불하여 구매하는 제도이다. 소비자
  가 녹색 프리미엄 가격과 물량을 입찰을 통해 결정하며, 이로 조성된
  재원은 한국에너지공단에서 재생에너지 재투자에 활용된다.

이러한 다양한 이행 수단을 기반으로 RE100은 전 세계 기업들 사
이에서 빠르게 확산되고 있으며, 글로벌 대기업들을 중심으로 재생
에너지 사용 확대가 본격화되고 있다. 전 세계 기업(Google, Apple,
MS, BMW, GM 등)을 중심으로 재생에너지 사용 비중이 점차 확
대되고 있으며, 이에 따라 국내 대기업들도 재생에너지 사용 확대
를 요구받고 있다. 한국기업에 대한 글로벌 RE100 참여 요구 수준

도 높아지고 있다. 2025년 3월 말 기준, 전 세계적으로 445개 기업이 RE100에 가입했으며, 이 중 80여 개 기업은 이미 사용 전력의 100%를 전량 재생에너지로 전환하였다. RE100 캠페인에 참여하고 있는 기업의 평균 재생에너지 100% 달성 목표 연도는 2031년으로, 풍력과 태양광 중심으로 재생에너지를 조달하고 있다. 이행 수단으로는 REC 구매(41%)를 가장 많이 활용하며, 그다음으로 PPA 계약(31%), 녹색 프리미엄 구매(24%) 순으로 나타났다. 2024년 4월 말 기준 글로벌 RE100에 참여한 한국기업은 36개사이며, 한국형 RE100에 참여한 기업은 2025년 4월 말 기준 862개사로 나타났다.

탄소중립(Carbon Neutrality)

탄소중립은 인간 활동으로 발생하는 온실가스를 최소화하고 배출된 탄소를 포집 및 흡수하거나 제거하여 순 배출량을 0으로 만드는 것이다. 온실가스 배출량을 아예 없애는 것이 아닌 배출되는 탄소와 흡수 및 제거되는 탄소의 양을 같게 만들어 합계가 0이라는 개념으로 넷제로(Net-Zero)라고도 한다. 탄소중립은 1992년 유엔기후변화협약 채택을 시작으로, 2021년 신기후체제 및 COP26에서 채택된 글래스고 기후합의까지 각국의 단계적 감축 노력과 국제협력의 필요성이 더욱 강조되고 있다.

지구환경 변화를 가파르게 하는 기후변화를 이미 피부로 체감하는 현재, 온실가스 감축을 위한 첫발은 1992년 브라질 리우데자네이루에서 열린 유엔기후변화협약 채택에서 시작되었다. 이후 1997년

지구환경과 기후변화

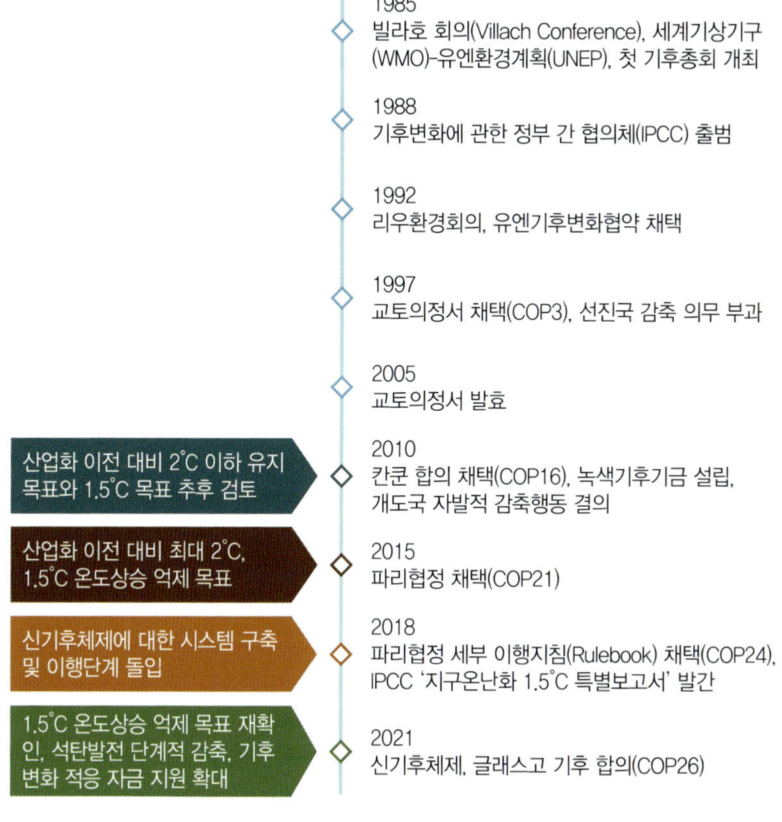

교토의정서 채택(2005년 발효)을 거쳐, 2015년 파리협정에서 자발적 감축목표 설정으로 이어졌다. 2024년 기준, 탄소중립을 선언한 국가는 147개국이며, 이 중 약 140개국은 세계 온실가스 배출량의 약 88%를 차지하고 있다. 한국은 2020년 12월에 ‘2050 탄소중립 추진

전략'을 발표하였고 2021년 8월 31일에 '탄소중립·녹색성장 기본법'을 법제화하여 14번째로 탄소중립을 선언한 국가가 되었다. 탄소중립 목표 연도는 국가별로 차이가 있다. 우루과이는 2030년, 스웨덴, 독일은 2045년, 한국, 프랑스, 영국, 헝가리, 루마니아, 캐나다, 아일랜드, 뉴질랜드, 덴마크는 2050년, 중국은 2060년을 목표로 하고 있으며, 전체 탄소중립 선언국의 약 55%는 2050년 이후로 목표를 설정하였다.

한국은 2010년 「저탄소 녹색성장 기본법」을 제정하여 기후변화 대응을 시작하였고, 2015년 6월에는 2030년 온실가스 배출 전망(BAU) 대비 37% 감축목표(NDC)를 최초 수립하였다. 이를 기반으로 국가 온실가스 감축목표(NDC), 온실가스 목표관리제, 배출권거래제 등 제도를 마련해 감축 정책을 추진하였다. 이후 기후변화 적응, 사회·경제, 일자리 창출 등 통합적인 대안을 고려하여 2021년 9월 24일 '기후위기 대응을 위한 탄소중립·녹색성장 기본법(약칭: 탄소중립기본법)을 제정하였다. 이로써 온실가스 감축, 기후위기 적응, 정의로운 전환 및 녹색성장 등을 아우르는 제도적 기반이 마련되었다. 2023년 4월에는 2050 탄소중립을 위해 '탄소중립·녹색성장 국가전략 및 제1차 국가 기본계획 요약(중장기 온실가스 감축목표 포함)'을 관계부처 합동으로 발표하였다. 이 계획은 2050년까지 탄소중립 사회로 이행하고, 환경과 경제의 조화로운 발전을 도모하는 국가 비전을 제시한 것으로, 기술적 전망과 사회적 여건 등을 고려하여 5년마다 재검토하도록 되어 있다.

지구환경과 기후변화

탄소중립기본법

탄소중립기본법의 구성은 다음과 같다.

- **제1장 총칙:** 목적, 관련 용어의 정의, 기본 원칙 등
- **제2장 국가비전 및 온실가스 감축목표:** 국가비전, 국가전략, 중장기 감축목표, 이행현황 점검 등을 규정. 제8조는 "정부는 2030년까지 2018년 대비 35% 이상 감축"을 명시하고 있으며, 시행령 제3조 제1항에서는 "40%"로 구체화하였다.
- **제3장 국가 탄소중립·녹색성장 기본계획:** 국가비전과 중장기 목표 달성을 위해 20년을 계획기간으로 하는 국가기본계획을 5년마다 수립·시행. 시·도 및 시·군·구도 각각 10년을 계획기간으로 하는 계획 수립 의무를 가짐.
- **제4장 위원회:** 탄소중립·녹색성장위원회 설치 및 주요 정책·계획 심의·의결.
- **제5장 온실가스 감축 시책:** 기후변화영향평가, 감축인지 예산제도, 배출권거래제, 공공부문 관리, 탄소중립도시 지정, 지역에너지 전환, 녹색건축·교통 확대, 탄소흡수원 확충, CCUS 육성, 국제감축사업 추진, 정보관리체계 구축 등을 포함.
- **제6장 기후위기 적응 시책:** 기후위기 감시·예측, 국가·지방 적응대책 수립·시행, 공공기관 적응대책, 지역 대응사업, 물 관리, 녹색국토 관리, 농림수산 전환 촉진, 국가 적응센터 지정 및 평가.
- **제7장 정의로운 전환:** 취약계층 보호, 일자리 감소·지역경제 영향 대응, 특별지구 지정, 사업전환 지원, 자산손실 최소화, 국민참여 확대, 협동조합 활성화, 정의로운 전환 지원센터 설립.

- **제8장 녹색성장 시책:** 녹색경제·산업 육성, 기업 녹색경영 촉진, 녹색기술 연구개발·사업화, 조세제도 및 금융지원, 기술·산업 표준화·인증, 단지 조성, 일자리 창출, ICT 서비스 시책, 순환경제 활성화.

- **제9장 사회 이행 및 확산:** 탄소중립 지방정부 연대, 생산·소비 문화 확산, 녹색생활운동 지원·교육·홍보, 지원센터 설립.

- **제10장 기후대응기금:** 기금 설치 및 운용, 용도, 전입, 관리, 회계, 이익·손실 처리.

- **제11장 보칙:** 국제협력 증진, 국제규범 대응, 국가보고서 작성, 국회 보고, 책임관 지정, 청문, 권한 위임·위탁, 벌칙 적용, 과태료.

- **부칙:** 시행일, 다른 법률의 폐지, 계획 수립 시기의 적용례 등.

한편 주요국의 탄소중립을 위한 정책을 살펴보자.

- **유럽연합(EU)**은 2019년 2050년까지 탄소중립 달성을 선언하고, 이를 위해 2030년까지 1990년 대비 55% 감축안을 제시하였다. 또한 2026년부터 철강, 시멘트, 비료, 알루미늄, 수소, 전기 등 6개 특정 품목에 대해 탄소배출량만큼 관세를 부과할 예정이며, 2022년에는 에너지 소비 절감, 공급망 다변화, 재생에너지 보급 확대 등을 포함한 다양한 감축정책을 발표하였다.

- **미국**은 2021년 2050년까지 탄소중립을 선언하고, 2030년까지 2005년 대비 50~52% 감축목표를 제시하였다.

- **영국**은 2019년 2050년까지 탄소중립 달성을 선언하고, 2030년까지 1990년 대비 최소 68% 감축안을 제시하였다. 2020년에는 10대 중점계획(Ten Point Plan)을 최초 발표하였으며, 2021년에는 넷 제로 전략(Net Zero Strategy; Build Back Greener), 2023년에는 넷 제로 성장 계획(Powering Up Britain; The Net Zero Growth Plan)

 지구환경과 기후변화

을 비롯한 5개의 에너지 전략을 잇달아 발표하였다. 이러한 계획들은 주택, 전력, 산업 및 교통 등 각 분야별 탄소배출 저감 기술 확대에 초점을 두고 있다. 또한 2022년에는 2050년까지 최대 원전 8기 추가 건설 계획을 발표했으며, 이는 에너지안보 강화와 무탄소 기저 전원 확대를 통한 탄소중립 달성을 동시에 겨냥한 조치이다.

- **일본**은 2020년에 2050년까지 탄소중립을 선언하고, 2024년 12월에는 2035년까지 2013년 대비 60% 감축, 2040년까지 73% 감축목표를 제시하였다. 환경성은 이 목표 달성을 위해 공급망 전반(원료 조달부터 제조, 물류, 판매, 폐기까지)에서의 CO_2 감축이 필요하다고 강조하였다. Scope 1, Scope 2에 비해 Scope 3의 배출량 감축 대응이 부진한 상황임을 인식하고, 중소기업의 탈탄소 투자 여력 부족을 지원하기 위한 지원 요건을 마련하였다.

- **캐나다**는 2021년에 2050년까지 탄소중립을 선언하고, 2030년까지 2005년 대비 40~45% 감축목표를 제시하였다. 이를 위한 탄소배출량 감축, 지속가능한 농업, 청정에너지 기술 투자, 농업 기술 및 품종 개발 지원 등을 추진하고 있다.

- **중국**은 2020년에 2060년까지 탄소중립을 선언하고 '2030년 이전 탄소배출 정점 행동방안'을 발표하였다. 2025년까지 친환경 에너지 소비 비중을 20% 내외로 확대하고, GDP 단위당 에너지 소비를 2020년 대비 13.5% 감축하며, GDP 단위당 탄소배출을 2020년 대비 18% 감축하는 방안을 제시하였다. 또한 2030년까지 친환경 에너지 소비 비중을 25% 내외로 확대하고, GDP 단위당 에너지 소비를 2005년 대비 65% 이상 줄이는 등 정점 목표 달성안을 제시하였다.

- **호주**는 2020년에 2050년까지 탄소중립을 선언하고, 2030년까지 2005년 대비 43% 감축목표를 제시하였다. 이를 위해 재생에너지 확대 및 전력망 현대화 등 여러 정책을 추진하고 있으나, 동시에 천연

가스 탐사·추출을 2050년 이후에도 계속하겠다고 공표하여, 비영리 단체들로부터 청정경제에 반하는 투자라는 비판을 받고 있다.

이처럼 각국이 탄소중립을 위한 다양한 정책을 추진하고 있으나, 실제 배출 현황을 살펴보면 다음과 같다. 에너지온실가스종합정보 플랫폼(EG-TIPS)에 따르면 2021년 기준 CO_2 배출 최대국은 중국으로, 전 세계 온실가스 배출량 약 540억 톤 중 27%에 해당하는 106억 8,300만 톤CO_2를 차지하였다. 이어 미국이 45억 4,900만 톤CO_2, 인도 22억 7,900만 톤CO_2, 러시아 16억 7,800만 톤CO_2, 일본 9억 9,800만 톤CO_2, 이란 6억 4,300만 톤CO_2, 독일 6억 2,400만 톤CO_2, 한국 5억 5,900만 톤CO_2, 인도네시아 5억 5,700만 톤CO_2 순으로 나타났다.

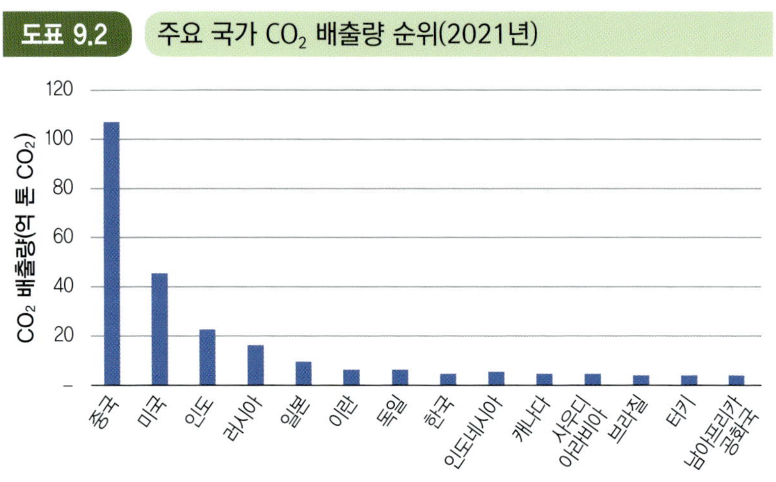

도표 9.2 주요 국가 CO_2 배출량 순위(2021년)

출처: ‘EG-TIPS 에너지온실가스 종합정보 플랫폼‘의 배출량을 그래프로 수정함.

　주요 국가의 CO₂ 배출 순위(2021년 기준) 그래프를 살펴볼 때, 최대 배출국인 중국, 미국의 감축 노력이 절대적으로 중요하며 한국 또한 급격한 산업발전으로 주요 배출국으로 자리 잡은 만큼 2050 탄소중립 이행의 책임이 크다.

　한국의 경우 2018년 기준 온실가스 총배출량은 7억 2,760만 톤 CO₂eq, 흡수원을 포함한 순배출량은 6억 8,630만 톤CO₂eq으로, 1990년 총배출량(2억 9,220만 톤) 대비 149% 증가하였다. 특히 2016년까지는 비교적 완만한 증가세를 보였으나, 이후 발전과 산업 부문 중심으로 배출량이 급격히 늘어나면서 총배출량과 순배출량 모두 상승폭이 커졌다.

　배출 부문별로는 전환 부문(발전 등)에서 2억 6,960만 톤(37%), 산업 부문 2억 6,050만 톤(36%), 수송 부문 9,810만 톤(13%), 건물

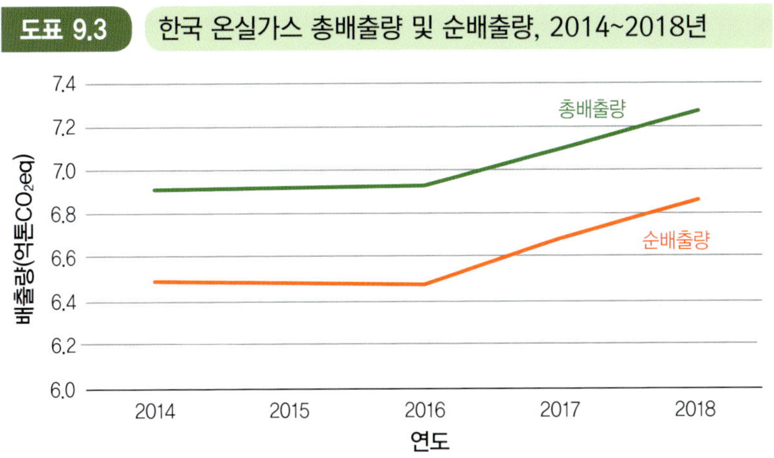

도표 9.3　한국 온실가스 총배출량 및 순배출량, 2014~2018년

출처: 2050 탄소중립 시나리오, 표 1-2의 배출량을 그림으로 수정.

부문 5,210만 톤(7%), 농축수산·폐기물 등 기타 부문에서 4,740만 톤(6%)의 총배출량을 차지하였다.

한국은 2020년에 선언한 2050년 탄소중립을 실현하기 위해 2030 국가 온실가스 감축목표(NDC)를 상향 조정하였다. 이에 따라 2050년까지 순배출량을 0으로 하는 것을 목표로 하고, 2030년까지 2018년 총배출량 대비 40% 감축하는 목표를 제시하였다. 2021년 5월, 한국 모든 지자체(광역 17개와 기초 226개 지방정부)가 탄소중립 달성을 다짐하는 선언식을 진행하였으며, 같은 달 29일에는 탄소중립 정책의 수립, 이행, 평가 등의 중심 역할을 수행할 '2050 탄소중립위원회'가 출범하였다. 이후 다양한 분야의 이해당사자, 각 기관, 시민과의 협의를 거쳐 2050 탄소중립 시나리오가 확정되었다. 발표된 시나리오는 A안과 B안 두 가지로, 법적(국내·국제법) 구속력은 없으며 전

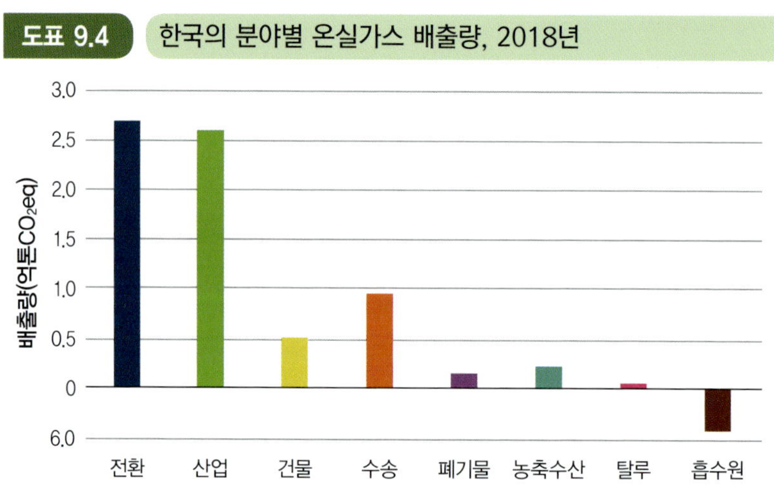

도표 9.4 한국의 분야별 온실가스 배출량, 2018년

출처: 2050 탄소중립 시나리오, 표 1-2의 배출량을 그림으로 수정.

환, 수송, 수소, 탈루 부문에서 차이가 있다. A안은 화력발전을 전면 중단하고 수전해 수소(그린수소) 생산하는 등 배출 자체를 최대한 줄여 순배출 제로로 달성하는 방안이다. 반면, B안은 A안보다 온실가스 배출량이 많으나 CCUS(이산화탄소 포집·활용·저장) 등 제거기술을 적극 활용하여 순배출 제로를 달성하는 안이다.

- **전환 부문**은 온실가스가 가장 많이 배출되는 분야이다. 이 부문은 2050년까지의 미래 에너지 수요를 정확히 예측하기 어려운 만큼, 화석연료 사용을 중단하고 신재생에너지로의 전환과 연계한 단계적 이행계획이 필요하다. 특히, 태양열, 태양광, 풍력, 지열 등의 보급 확대를 위한 지역적 입지 선정, 기후 재난에 대비한 설비 강화, 사회·경제적 편익 산정 등 다양한 분야와의 협의 또한 중요하다.

- **산업 부문**에서는 2030년까지 50% 이상, 2040년까지는 98% 이상 감축하는 목표를 설정하였다. 화석연료를 무탄소에너지(재생에너지, 그린수소 등)로 전환하고 온실가스 배출이 없는 공정으로 최대한 전환하며, 전환이 어려운 잔여 배출에 대해서는 탄소 가격을 반영하고 순환경제 시스템을 구축하여 배출을 최소화하고자 한다.

- **수송 부문**에서는 교통시스템의 탈탄소화를 위해 내연기관 차량의 판매를 중단하고, 전기차 충전 인프라를 확대하며, 항공·선박·철도의 전동화를 추진하고 있다. 이를 통해 2030년까지 50% 이상, 2040년까지는 98% 이상 감축하는 목표를 수립했다.

- **건물 부문**에서는 건물 온실가스 배출총량제 도입, 신규 건축물 제로에너지 건축 및 재생에너지 설치 의무화(1등급 기준), 그린 리모델링 범위 확대 등을 통한 건물에너지효율 개선과 건물 에너지원의 전력화, 열회수장치 및 지열 히트펌프 도입 등 무탄소 난방시스템 구축,

분산자원 흡수를 위한 송배전 인프라 구축 등을 통해 탈탄소화를 추진하고 있다. 이를 통해 2030년까지 45% 이상, 2040년까지는 90% 이상 감축하는 목표를 설정하였다.

- **폐기물 부문**은 플라스틱세 도입, 전주기평가(LCA)를 통한 폐기물 감축 관리, 제품 사용주기 연장 법제화, 생산자책임재활용제도(EPR) 강화, 분리배출 체계 및 재활용 선별 인프라 구축 등을 통해 폐기물 발생을 줄이고 재활용 효율을 높이고 있다. 또한 국가 재생에너지 재활용 센터 증설, 재사용 원료 및 순환자재 이용 의무화, 음식물쓰레기 감축 및 재자원화 시스템 확충 등을 통해 순환경제를 활성화하고 있으며, 이를 바탕으로 2030년까지 40% 이상, 2040년까지는 75% 이상 감축하는 목표를 설정하였다.

- **농축수산 부문**은 생태·저탄소 기반 농업으로의 전환, 공장식 축수산 생산 감소, 지역 생산·소비 시스템 확대, 에너지 효율성 제고 및 재자원화를 통해 2030년까지 30% 이상, 2040년까지는 65% 이상 감축하는 목표를 설정하였다.

- **탈루 부문**에서는 할로카본 및 육불화황 등의 수요 감축 및 처리 고도화, 대체 냉매 개발을 통해 2030년까지 30% 이상, 2040년까지는 98% 이상 감축하는 목표를 설정하였다.

- **흡수원**인 토지 이용, 토지 이용 변화 및 임업(LULUCF: Land Use, Land Use Change and Forestry) 부문에서는 토건 사업에 대한 엄격한 환경영향평가 및 탄소인지예산제 도입, 흡수원의 토지전용 및 개발 허가 기준 강화, 산림경영활동 시 탄소배출량 전과정평가 시행, 산림·초지·습지·연안 등 국내 흡수원 보전 대책과 고도화된 계상 방안 마련 등을 통해 생태계와 생물다양성 보호를 중심으로 한 흡수원 정책을 수립하였다.

이 외에도 다양한 감축 방안이 있으며, 한국 2050 탄소중립은 '기후위기로부터 안전하고 지속가능한 탄소중립 사회'를 비전으로 설정하였다. 책임성, 포용성, 공정성, 합리성, 혁신성의 다섯 가지 원칙

표 9.3 부문별 감축목표 전략

부문	2030 목표	2040 목표	주요 전략
전환 (발전 등)	전환부문 80% 이상 감축	–	화석연료 사용 중단, 단계적 이행 계획 수립, 태양열·태양광·풍력·지열 확대, 지역 입지 선정, 설비 강화, 사회·경제적 편익 산정
산업	50% 이상 감축	98% 이상 감축	무탄소 에너지 전환, 무배출 공정, 순환경제 구축
수송	50% 이상 감축	98% 이상 감축	내연기관차 판매 중단, 전기차 인프라, 교통 전동화
건물	45% 이상 감축	90% 이상 감축	제로에너지 건축, 그린 리모델링, 무탄소 난방, 인프라 확충
폐기물	40% 이상 감축	75% 이상 감축	플라스틱세, LCA 관리, 재활용 강화, 음식물쓰레기 감축
농축수산	30% 이상 감축	65% 이상 감축	저탄소 농업, 축수산 생산 감축, 지역 생산·소비 확대
탈루	30% 이상 감축	98% 이상 감축	고위험 가스 감축·처리, 대체 냉매 개발
흡수원	–	–	환경영향평가 강화, 산림·습지·연안 보전, 탄소인지예산제 도입

출처: 2050 탄소중립 시나리오, 2050 탄소중립위원회.

에 기반하여 수립되었으며, 파리협정의 목표 달성을 위해 2050 탄소 중립에 동참할 것을 선언하였다. 이를 이행하기 위해서는 정부, 산업 계, 민간 등 모든 주체가 관련 감축 정책과 이행 과정에 협력하고 함 께 노력할 필요가 있다.

온실가스 감축 활동

기업이나 조직에서 온실가스를 줄이기 위한 감축 활동은 내부 감축과 외부 감축으로 구분된다. 내부 감축은 기업이나 조직 내에서 직접 온 실가스 배출량을 줄이기 위한 활동을 의미하며, 외부 감축은 기업이 나 조직 외부에서 온실가스를 줄이기 위한 감축 사업에 참여하거나 투자하여 배출량을 줄이는 것을 의미한다. 각국은 온실가스 배출량을 줄이기 위해 기업이나 조직의 자발적 감축 활동을 유도하는 한편, 법 적 규제에 따른 의무 감축 제도도 병행하고 있다.

내부 감축 활동의 주요 사례로는 다음과 같다.

- 고효율 설비 투자(고효율 조명 및 기기 교체, 폐열 회수 시스템 도입 등)
- 공정 개선
- 폐기물 관리 개선
- 제품 원료의 고효율화 및 감축
- 에너지 절약 등

외부 감축 활동의 사례로는 다음과 같은 사업이 있다.

- 청정연료 전환 사업
- 재생에너지 발전 사업
- 저탄소 생활 실천 독려 사업
- 대기업의 중소기업 감축 지원 사업
- 폐기물 재활용 감축 사업
- 폐플라스틱 재활용을 통한 원료 전환 사업 등

이처럼 다양한 내부·외부 감축 활동은 기업과 조직의 탄소중립 달성을 위한 핵심 수단으로 활용되고 있다.

유럽연합(EU)은 2026년부터 탄소국경조정제도(CBAM: Carbon Border Adjustment Mechanism)를 본격 시행할 예정이다. CBAM은 EU로 수입되는 제품의 탄소배출량을 기준으로 세금을 부과하는 제도로, 철강·시멘트·비료·알루미늄·전기·수소 등 6개 품목에 적용된다. 이는 국가 간 탄소배출 감축 노력을 유도하기 위한 조치이다.

탄소 발자국(Carbon Footprint)은 개인, 기업, 제품 등이 일상생활이나 생산 활동 과정에서 발생하는 이산화탄소(CO_2)를 포함한 온실가스 총량을 계량화한 지표를 의미한다. 이는 지구온난화에 미치는 영향을 평가하고 줄이기 위한 기준으로 활용되며, 공급망 전반, 즉 생산, 소비, 폐기 단계까지를 포함한다.

한국의 경우, 제4차 및 제5차 계획기간 배출권거래제를 위한 제도 운영 효율화 및 기업지원 강화를 추진하고 있다. 신재생에너지, 폐열 회수, 탄소 포집 설비 등 직접적인 감축 활동에 대한 비용 지원을 확대하고, 녹색성장을 위한 탄소 관련 산업 분야를 육성하며, 부문별 기관과의 협의 및 연계성 확대 운영 방안을 검토하고 있다. 또한 스마트 생태공장 조성, 온실가스 저감 및 자원 효율성 제고, 신기후체제 대응 환경기술 개발, 금융지원 활성화 등 종합적인 차원에서 제도 개선을 추진하고 있다.

2025년 기준 전 세계에서 시행 중인 탄소가격제도는 80여 개며, 이는 세계 온실가스 배출량의 약 28%에 탄소 가격을 부과하고 있다. 또한 브라질, 인도, 튀르키예 등에서도 배출권거래제(ETS) 도입이 계획되어 있다. 이러한 탄소가격제에는 탄소세, 배출권거래제, 탄소국경조정세, 크레딧 메커니즘, 내부탄소가격제 등 다양한 형태가 있다. 그러나 각국은 이러한 제도의 시행 과정에서 세계 경제와 무역 활동에 관련된 역풍에 직면하고 있으며, 이는 주로 무역 긴장 고조와 불확실한 정책 환경에 기인한다. 온실가스 감축제도는 탄소 가격 부과로 인해 무역 긴장 고조, 제품 가격 상승 등 불안정한 요소를 수반할 수 있다. 그러나 이러한 제도는 자국의 경제적 이익을 위한 도구가 아니라, 지구적 차원의 온실가스 감축이라는 본래 목적에 충실하게 운영되어야 한다.

   지구환경과 기후변화

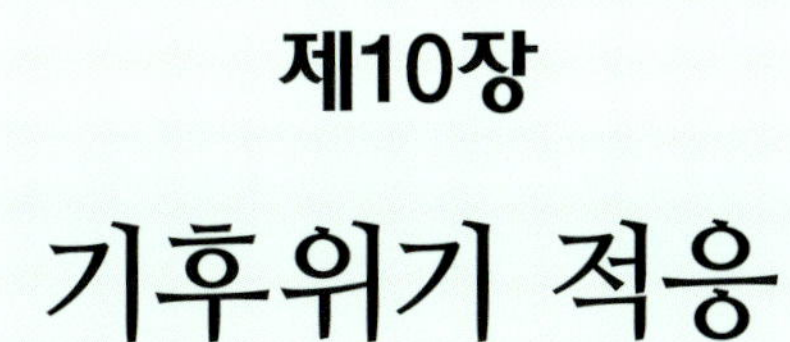

제10장

기후위기 적응

기후위기 적응이란 기후위기에 따른 인류 건강 피해 및 자연재해에 대한 취약성을 줄이고 적응 역량과 회복력을 높이고, 현재와 미래에 발생할 수 있는 기후위기의 영향을 최소화하거나 이를 유익한 기회로 전환하는 모든 활동을 의미한다. 현재 세계 각국은 파리협정에 따른 지구 온도 상승을 산업화 이전 대비 2℃보다 낮게 유지하고, 나아가 1.5℃로 제한하기 위해 노력하고 있다. 이를 목표로 탄소중립(Net-Zero) 실현을 위해 온실가스 배출 감축과 관련 지원 사업에 매진하고 있으나, 기후변화로 인한 자연재해 피해에 대한 대응·완화·적응 노력은 여전히 부족한 실정이다. 국제사회는 2015년 제70차 유엔 총회에서 17개 지속가능발전목표(SDGs: Sustainable Development Goals)와 169개 세부 목표를 채택하고, 2030년까지 전 세계가 함께 추구해야 할 인류 공동의 목표로 설정하였다. 기후위기는 전 세계를 대상으로 하고 있고 육지, 해양, 대기가 유기적으로 연계되어 있어 국가 간 긴밀한 협력이 요구된다. 지속적인 감축활동과 더불어 기후위기에 대응, 완화 및 적응에 힘쓴다면 기후변화의 가파른 상승 곡선을 더 늦출 수 있을 것이다.

식량 확보

기후위기로 인한 식량 부족 문제는 전 세계적인 과제로, 변화된 기후에 적응할 수 있는 농업 기술 개발과 대체 작물 연구 등 선제적 대응이 필요하다. 하천·강 등 담수 저장, 부영양화 방지, 담수화 및 저장 시설 구축, 식량 생산 기술 다변화 등을 통해 효율적인 농업 시스템을 마련해야 한다. 또한 물 부족으로 발생하는 사회적 불평등을 해소하기 위해 취약계층을 대상으로 한 정책적 지원도 중요하다. 기후변화는 여름철 고온과 겨울철 한파로 이어지며 강수량 변화에도 영향을 주어 농작물 생산량 감소, 가뭄, 홍수 등 다양한 문제를 야기한다. 이러한 변화는 꽃이 피는 시기와 곤충의 활동 주기에 불균형을 일으켜 과실수의 열매 형성에도 부정적 영향을 준다. 나비와 벌은 꽃가루를 옮겨 과실수의 열매를 맺게 하는 중요한 역할을 하지만, 기후변화로

Gemini(AI 생성) 활용 및 편집

지구환경과 기후변화

인해 개체수가 줄고 과거에 없던 해충이 증가하면서 열매 수확이 점점 더 어려워지고 있다. 이에 따라 선제적 대책으로는 지천·하천·강 등 수자원 관리 시스템 개선과 효율적 운영이 필요하다. 또한 농업 환경 변화에 맞게 작물 생산성을 유지하고, 기후변화에 강한 품종 전환, 스마트 관개 시스템 도입 등을 통해 강수량 활용 효율을 높이고 기후변화 대응 역량을 강화해야 한다.

수자원 확보

강수량 변화로 인한 물 부족 상황은 지속적으로 심화되고 있으며, 극단적 폭우·폭염·가뭄·폭설·혹한 등으로 인해 식량 생산 감소와 지역별 물 부족 사태가 발생하고 있다. 이를 극복하기 위해서는 개별 지역의 특성에 맞는 관개 시스템 개선, 물 재이용 활성화와 관련 시설 구축, 절수 기술 개발, 효율적인 물 관리 시스템 정비가 필요하다. 아울러 장기적 관점에서 종합적인 물 관리 계획을 수립해야 한다. 또한 기후변화로 인한 빙하의 급격한 융해와 해양 온도 상승은 해양 생태계를 교란시키고 있으며, 세계 각국의 해양 어종 분포에도 변화를 초래하고 있다. 이처럼 기후변화는 육지와 해양 생태계 전반에 광범위한 영향을 미치고 있으며, 그 변화는 매년 심화되고 있다. 따라서 물 부족 문제 해결은 국가적 차원의 대책과 제도적 개선뿐만 아니라 개인의 절수 실천과 생활 속 대응이 병행되어야 한다.

재난 위험 대응

기후변화에 따른 자연재해는 매년 증가하고 있고 그 강도 또한 심화되고 있다. 기후변화는 우리에게 매년 극한 상황을 경험하게 하고 있고, 인명 피해는 갈수록 늘어나며 산사태와 취약 지역의 피해도 급격히 증가하고 있다. 이러한 피해를 줄이기 위해서는 재해 예방 사업 확대, 취약 지역 관리 강화, 침수 및 산불 등 예보 시스템 개선, 재난 대응 시스템 역량 강화 및 피해 최소화를 위한 시민 참여 확대 등 다양한 방안을 종합적으로 연계·개선할 필요가 있다.

보건·환경 대책

기후변화는 지구에 사는 모든 생명체에게 영향을 미치며, 인류의 건강 문제도 심화시키고 있다. 폭염 및 한파로 인한 건강 취약성, 질환 발병 위험, 감염 확산 등은 보건 환경을 악화시키고 있으며, 전 세계적으로 기후변화로 인한 사망률도 증가하는 추세다. 이에 따라 개개인의 건강 증진, 취약계층의 불평등 해소, 위험 감지 및 조기 경보 시스템 개선, 기후변화에 따른 질병 감시 체계 강화, 건강 인식 교육 확대 및 국제협력 등 보건 환경 전반을 통합 관리하는 시스템 강화 및 개선이 필요하다. 보건 시스템 강화는 국민 재정에도 부담을 줄 수 있기 때문에, 선별적 대응 정책과 기후 보건 중장기 계획을 수립하여 선제적 대응책을 마련하고 국제적 협력을 강화할 필요가 있다.

지구환경과 기후변화

생태계 교란 대응

기후변화로 인한 지구 온도 상승은 이미 생태계 교란을 심화시키고 있다. 이에 대응하기 위해서는 생태계 모니터링 체계 및 대응체계를 구축하고 생물종 및 멸종위기종 관리 및 보전 강화가 필요하다. 육지 및 해양 생태계는 전 지구적으로 유기적으로 연계되어 있다. 일례로, 북극의 빙하가 녹아 다량의 담수가 래브라도 해와 그린란드해의 중앙 지역으로 유입될 경우, 해양 순환(컨베이어 벨트)이 중단될 위험이 있다. 이는 지구 열염순환의 작동을 멈추게 하여 유럽과 북미 지역의 기온이 급격히 하강하고, 전 지구적인 해양 생태계에도 심각한 영향을 미칠 수 있다. 이러한 시나리오는 2004년 개봉한 영화 〈투모로우(*The Day After Tomorrow*)〉에서 극적으로 묘사된 바 있다. 현재는 다소 비현실적이거나 먼 미래의 일로 여겨질 수 있으나, 기후변화가 지속된다면 생태계 교란과 이상 기후가 현실화될 가능성은 충분히 존재한다.

빈곤과 불평등 문제

기후위기는 선진국에 비해 극심한 자연재해, 식량 부족, 물 부족을 겪는 저소득층과 개발도상국 및 저개발 국가에게 더 큰 타격을 주어 사회적, 경제적 불평등을 악화시키고 있다. 유엔기후변화협약(UNFCCC)은 개발도상국의 온실가스 저감(완화) 및 기후변화 적응을 지원하기

위해 2010년 녹색기후기금(GCF: Green Climate Fund)을 설립하
고, 2013년 인천광역시 송도에서 공식 출범하였다. 선진국의 재정
지원을 기반으로, 기후변화에 취약한 마을이나 도시의 삶의 질을 바
꿀 수 있는 대규모 사업들을 진행하고 있으며, 지역 경제 발전과 기
업 육성에 도움을 주고 있다. 2020년까지 매년 1,000억 달러씩, 총
8,000억 달러 규모의 기금을 조성하였다. GCF의 8개 성과 분야(에
너지, 교통, 건물·도시·산업, 산림·토지이용, 공동체, 보건·식량·
물 안보, 인프라, 생태계)를 재구성하였고, 개도국의 기후위험 분석
및 취약성 평가를 강화하여 기후변화 대응 기반을 마련하는 데 중점
을 두고 있다. 또한 강화된 직접 접근 방식을 확대하여 개도국 주도
의 적응 및 취약성 개선 활동을 중점적으로 지원하고 있으며, 혁신과
녹색금융 활성화를 통해 민간 참여와 기후 재원 확대를 유도하고 있
다. 그러나 이러한 국제적 지원에도 불구하고 지구 해수면 상승으로
인한 침수 위기에 직면한 국가는 여전히 많아 국제 지원 금융은 이러
한 수요를 감당하기에 충분하지 않다. 아울러 자국 내 빈곤과 불평등
또한 해결해야 할 문제이다. 취약계층 및 지역 현황 조사 및 지원방
안 마련, 기후위기 불평등 완화 정책 확대 등 자국 내 지원 예산을 확
대할 필요가 있다.

지구환경과 기후변화

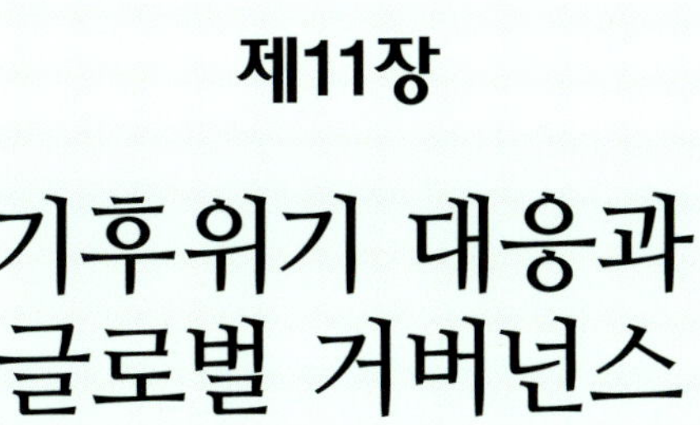

기후위기 대응과 글로벌 거버넌스

기후위기에 대한 세계적인 감축노력과 대응정책에도 불구하고 기후변화로 말미암은 생태계 위협은 계속 증가하는 실정이다. 이러한 기후위기로 인해 사회적 불안이 증가하고 더불어 극단주의 및 군사주의가 증가하게 되어 국가적 전쟁, 분쟁 및 내전 발생을 부추기고 있고, 기존의 파리협정 등 전 세계의 기후변화 공동 대응을 위한 협약의 협상 지연, 불균형한 책임 및 기후위기 대응 지연 등 지속가능한 미래에 부합하지 않는 현상이 발생하고 있다. 이러한 지속가능한 미래로 나아가기 위한 국가적 차원의 노력과 각 도시, 기업, 시민사회 등 비국가 차원의 거버넌스에도 적극적으로 참여하는 자발적 지속가능한 시스템으로의 전환도 가속화되고 있다. 가속화되고 있는 기후 극단 현상에 대응하기 위해서는 기후 재정을 확대하고 과학 기반 정책을 강화하여 기술 공유 및 협력과 더불어 시민사회 참여를 통한 충분한 규모와 속도로 실행하여 기후위기 대응의 구조적 전환 조건을 충족한다면, 2024년 지구 평균 기온이 산업화 이전 대비 일시적으로 1.5℃ 상승했으나 점진적으로 기온 상승 폭을 줄여나갈 수 있을 것이다.

지속가능한 발전과 1.5℃ 목표

현재 세대의 필요를 충족하면서도 미래 세대의 필요를 저해하지 않는 지속가능한 발전과 더불어 지구 평균 기온이 산업화 이전 대비 1.5℃를 초과하지 않도록 기후변화를 최대한 억제하기 위한 인류의 노력이 절실하다. 2024년은 이미 지구 평균 기온이 1.5℃를 초과한 첫해로, 이는 일시적인 현상이 아닌 장기적 기후변화가 본격화되었음을 의미한다. 인류의 화석연료 사용으로 인한 온실가스 배출량을 줄이지 않는다면 2050년 탄소중립 노력은 무위로 돌아갈 위험에 처해 있다. 따라서 이제는 1.5℃ 온난화 억제뿐만 아니라 2℃ 온난화 억제를 위한 전 세계적인 노력이 필요한 시점이다. 적응대책이 충분히 마련되지 않는다면 온실가스 배출 증가, 수자원 사용 확대, 사회적 불평등 심화, 보건 환경 악화, 생태계 교란 등으로 인해 지속가능한 발전이 저해되고 기후위기 적응 역량이 저하될 수 있다. 따라서 식량, 물 안보, 해양 생태계 보전, 산림 유지, 보건 환경 개선 등 모든 분야에서의 역량 강화가 요구된다.

기후변화에 따른 국내 대응은 국가 차원의 거시적 관점, 기업 차원의 산업적 관점, 개인 단위의 미시적 관점으로 나누어 종합적으로 고려할 필요가 있다.

국가 차원의 대응

한국은 '기후위기 대응을 위한 탄소중립·녹색성장 기본법(약칭: 탄소중립기본법, 2024. 10. 22. 시행)'에 따른 '기후변화대응 기술개발 촉진법', '순환경제사회 전환 촉진법' 등을 근거로 녹색성장·녹색경제·녹색기술로의 전환을 추진하며 탄소중립 사회로의 이행을 강화하고 있다.

- **경기 기후보험:** 경기도민을 대상으로 2025년 4월부터 2026년 4월까지 운영되며, 온열·한랭 질환 등 기후 관련 질병과 상해를 보장하고, 취약계층에는 특약을 통해 보장을 강화했다.

- **기후위기 감시·예측 관리체계:** 관련 법 시행과 함께 기후위기 감시·예측 체계를 구축·운영 중이다.

- **정책금융 투입:** 2030년까지 정책금융 420조 원을 투입하고, 기후기술펀드를 조성하여 기후변화 적응 및 대응을 위한 기술 개발을 지원한다.

- **탄소중립 목표:** 2050년까지 탄소중립 달성을 목표로 기본계획을 수립하고, 공공기관 적응대책과 지역 간 연계 시스템을 강화하고 있다.

- **정부 부처별 대응 강화:** 부처 간 협업을 위한 시스템을 마련하고 있으며, 주요 내용은 다음과 같다.

  ▶ 환경부(기후에너지환경부, 2025년 10월 1일부로 산업통상자원부의 전력, 재생에너지 등 에너지 정책 기능을 통합): 온실가스 감축 목표 설정 및 이행, 탄소중립 정책 추진, 재생에너지 확대, 친환경차 보급 확대, 기후변화 영향 평가 및 적응대책 마련 등

- **산업통상자원부**: 에너지 전환 정책 추진, 에너지 효율 향상, 신재생에너지 산업 육성, 탄소중립 기술 개발 지원 등
- **국토교통부**: 건축물 에너지 효율 관리, 도시 탄소배출량 감축, 스마트 도시 조성 등
- **농림축산식품부**: 농업 분야 탄소배출 감축, 기후변화 적응형 농업 기술 개발 등
- **해양수산부**: 해양 생태계 보전, 해양 탄소흡수원 관리, 기후변화 영향 평가 등
- **기상청**: 기후변화 감시 및 예측 시스템 구축, 기후변화 정보 제공 등
- **기획재정부**: 기후변화 대응을 위한 재정 정책 수립, 기후기술펀드 조성 등

기업 차원의 대응

한국 목표관리제 및 배출권거래제에 참여하고 있는 기업체들은 기후변화에 대응하기 위해 사업장 내부 감축 및 외부 감축 활동, 재생에너지 전환, 친환경 및 고효율 사양의 기술 개발 투자 등 다양한 노력을 기울이고 있다. 목표관리제 기업체들은 관할 정부 기관의 이행계획 아래 내부적으로 감축활동을 활발히 수행하며, 배출권거래제 기업체들은 온실가스를 줄이기 위한 내부 감축 활동과 더불어 외부에서 감축할 수 있는 여러 활동을 병행하고 있다. 원자재 조달, 제품 생산, 유통, 폐기 전 과정에 대한 평가(LCA)를 실시하여 탄소배출량을 조정하고 있으며, 협력사 배출량까지 관리·감축하는 등 지속가능한 경

영 시스템 구축에 힘쓰고 있다.

환경(Environment), 사회(Social), 지배구조(Governance)의 약자인 ESG는 기업이 환경 보호, 사회적 책임(인권·노동·지역사회 등), 투명하고 윤리적인 지배구조(의사결정·이사회 운영 등)를 함께 추구하는 지속가능한 경영 방식을 의미한다. 이러한 ESG 경영을 통해 기업은 환경 보호와 사회적 책임을 실천하며 소비자의 신뢰를 확보하고, 친환경 제품 개발을 확대하여 장기적인 지속가능한 성장을 추구하고 있다. 또한 기업은 설비 투자를 통한 자발적 온실가스 감축, 태양광·풍력 등 신재생에너지 사용 확대, 폐기물 감축 및 재활용률 제고를 통해 감축 활동에 기여하고 있으며, ESG 보고서를 통해 목표 달성 현황을 투명하게 공개하여 지구온난화에 대응하고 있다.

개인 차원의 대응

개인의 행동 변화와 시민 참여는 기후위기 대응의 중요한 축으로, 일상적인 실천과 교육, 정책 참여를 통해 적응 역량을 높일 수 있다. 이러한 개인 단위의 대응은 국가 정책과 기업 활동을 보완하며, 기후위기 대응을 사회 전반으로 확산시키는 기반이 된다.

- **생활 속 실천:** 에너지 절약, 대중교통 이용, 쓰레기 감축, 친환경 제품 사용, 물 절약 등 일상적인 온실가스 감축 활동 실천
- **기후변화 교육:** 기후변화 인식 제고 및 감축 노력을 유도하기 위한

교육 등

- **시민 참여**: 정책 결정 및 적응 과정에 시민들이 참여하여 기후위기 대응 실천 등

국제법적 대응

지구 재난은 더 이상 남의 일이 아니다. 지구는 인류 및 지구 생태계에 역습을 시작했고 한 지역에서는 폭염이, 다른 지역에서는 폭우가 발생하는 등 다양한 형태의 중첩 재난이 나타나고 있다. 이러한 상황 속에서 한국을 포함한 세계 각국에서 기후 소송이 제기되고 있으며, 그 수는 매년 증가하고 있다. 콜롬비아 로스쿨(Columbia Law School)과 콜롬비아 기후 대학원의 기후변화법 사빈 센터(Sabin Center for Climate Change Law)에 따르면, 2025년 7월 기준 전 세계 기후변화 관련 소송은 약 3,800건 이상으로 집계되었다. 소송 분야는 에너지·발전, 환경 범죄, 환경 평가, 온실가스 감축 및 거래, 인권, 생물다양성 및 생태계 보호 등으로 다양하다. 정부를 대상으로 한 소송의 승률은 다소 낮지만, 각국의 정치권과 행정부에 경각심을 불러일으키는 효과를 내고 있다. 특히 미국의 경우 기후 소송 건수는 매년 급격히 증가하고 있으나, 정부는 2025년 트럼프 행정부의 파리협정 탈퇴와 환경 예산 삭감 등으로 기후위기 대응에서 오히려 역행하고 있다. 그 결과 온실가스를 줄이는 데 드는 비용보다 재난 피해 복구에 필요한 비용이 훨씬 커지면서, 미국 정부는 여전히 현실을 반

지구환경과 기후변화

영하지 못하는 행보를 보이며 정책적 대응 부재를 드러내고 있다.

　기후위기를 법적 차원에서 대응하려는 움직임은 이미 오랜 역사적 맥락을 가지고 있다. 1972년 유엔 회의와 같은 해 6월 열린 유엔 인간환경회의(스톡홀름선언)를 시작으로, 1979년 제네바에서 제1차 세계기후회의가 개최되었다. 이어 1982년 유엔 해양법 협약(1994년 발효), 1985년 오존층 보호를 위한 비엔나협약(1988년 발효)과 오스트리아 빌라흐협약, 1987년 몬트리올 의정서, 1988년 IPCC 설립 및 과학적 평가 보고서 발표 등이 이어졌다. 1990년대에는 1992년 리우데자네이루 유엔환경개발회의에서 UNFCCC와 생물다양성 협약이 채택되었고, 1994년 사막화 방지협약(1996년 발효), 1997년 교토의정서가 채택되면서 본격적인 온실가스 감축 체제가 마련되었다. 2000년대 이후로는 2010년 칸쿤협정, 2011년 UNFCCC(COP17) 더반 플랫폼 협상, 그리고 2015년 파리협정(2016년 발효)까지 이어지며, 국제적 기후 거버넌스는 한층 더 체계화되었다. 이러한 협약들은 기후변화로 인한 재난과 피해에 대한 과학적 근거를 제시하고, 국가들로 하여금 온실가스 감축과 기후위기 적응을 위한 조치를 이행하도록 하였으며, 특히 선진국의 선도적 의무를 명시하였다. 따라서, 국가들은 국제인권법상으로도 건강하고 안전한 환경을 조성하고 인간이 마땅히 누려야 할 전제 조건으로 기후시스템을 보호할 책임이 있다고 판단하였다. 기후는 전 지구적 '공공재'이므로 이를 보호할 의무는 모든 국가에 법적으로 '모든 사람에 대해(Erga omnes, 라틴어)' 적용되는 국제사회의 보편적 의무로 간주되었다.

　이러한 역사적 맥락 위에서, 바누아투 공화국과 멜라네시아 선봉

그룹은 2023년 4월 유엔에 기후위기 문제를 제기했고, 유엔 총회는 이를 네덜란드 헤이그 국제사법재판소(ICJ)에 회부하였다. 그 결과 2025년 7월 23일, ICJ는 역사상 다섯 번째 만장일치 의견으로 "기후위기 대응은 모든 국가의 의무이며 이를 위반할 경우 국제법 위반이 된다"는 권고적 의견(advisory opinion)을 채택하였다. 이는 총 91개국의 서면 성명 제출 및 97개국의 구두 진술로 이루어진 역사상 가장 많은 국가가 참여한 재판이었다. 유엔 총회가 재판소에 요청한 핵심 질문은 첫째 국가들이 인위적 온실가스 배출로부터 현재 및 미래 세대를 보호하기 위해 어떤 국제법적 의무를 지는지, 둘째 그 의무를 이행하지 않아 기후시스템과 환경에 심각한 피해를 초래한 경우 어떤 법적 결과가 발생하는지였다. 비록 권고적 의견은 법적 구속력은 없지만, 국제법을 적용받는 모든 국가에 법적·정치적 판단의 근거로 작용하게 되며, 향후 국제 협상과 기후 소송의 중요한 이정표가 될 것으로 평가된다.

나아가 파리협정에 따른 국가 온실가스 감축목표(NDC)를 이행하지 못했을 경우도 의무 이행을 촉구할 수 있으며, 위반 행위의 중단, 피해국 보상 등의 조치가 요구될 수 있다. 이러한 이행을 위한 각국의 온실가스 배출 기여에 대한 과학적 산정이 가능해진 만큼, 피해국·피해 국민·미래 세대가 배상을 청구하는 것도 가능하다고 판단된다. 이번 ICJ 판결은 장기적으로 기후변화 피해 비용이 온실가스 감축 비용을 초과할 수 있다는 현실을 반영하여, 향후 국제 협상과 기후 소송에서 법적 근거로 활용되고 국제적 대응 변화를 촉진하는 계기가 될 것이다.

　　　　　　　　　　지구환경과 기후변화

국제협력과 과제

불과 십수 년 사이 기후변화 양상이 급격히 달라지면서 인류는 각종 자연재해에 충분히 적응할 시간을 갖지 못하고 있다. 지구 곳곳에서 발생하는 기후 재난은 대규모 인명 피해뿐 아니라 생태계 파괴와 경제적 손실로 이어지며, 전 세계가 그 영향을 직·간접적으로 겪고 있다. 국제사회는 파리협정을 통해 공동 대응을 시도하고 있으나 한계가 뚜렷하다. 국가별 감축목표 설정은 정치·경제적 상황에 따라 변동될 수 있고, 이를 강제할 수단도 부족하다. 또한 선진국과 개발도상국 간의 기후변화 책임 분담에 대한 논란, 기후 재난 대응 자금 조성의 미비, 선진국의 온실가스 감축 기술 이전 문제 등도 여전히 해결되지 않고 있다. 특히 기후 재난에 따른 자금 지원이 여전히 부족한 실정이다. 그럼에도 불구하고 2050년 탄소중립을 위해 선진국을 비롯한 개발도상국 또한 참여를 확대하고 있으며, 시민사회의 움직임과 국제기구의 활동도 점차 활발해지고 있다. 기후변화로 인한 피해를 최소화하기 위해서는 국가 차원의 대응뿐만 아니라 시민 개개인의 의식을 높여 온실가스 감축 활동에 적극 참여할 수 있도록 하는 정책적 지원이 필요하다. 또한 국제 정세 변화에 흔들리지 않는 안정적이고 지속 가능한 기후위기 대응 방안을 마련해야 한다.

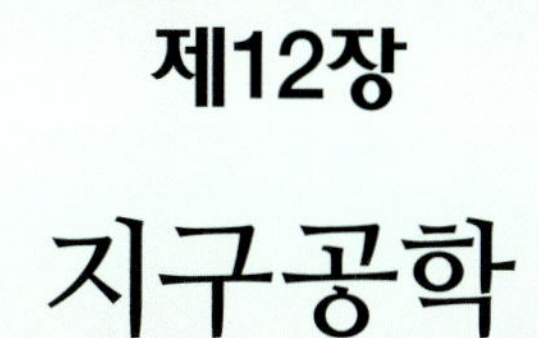

지구공학

국제적 협력과 온실가스 감축 노력이 지속되고 있음에도 불구하고, 국제적 협력과 제도적 대응만으로는 여전히 한계가 있다. 이러한 상황에서 인류는 기존 감축 노력의 보완책이자 최후의 수단으로 '지구공학'에 주목하고 있다. 극심한 폭우, 폭염, 한파, 폭설 등 변해버린 지구환경에서 예상치 못한 희생자가 늘어나고 있으며, 인류는 이제껏 경험하지 못한 상황을 매년 겪게 될 것이다. 전 지구적 감축 노력에도 불구하고 기후변화의 위협은 여전히 진행 중이며 이를 막기에는 역부족이다.

이러한 한계 속에서 과학자들은 자연 현상에서 나타나는 지구 냉각 메커니즘에 주목해 왔다. 예컨대, 대기층 구름은 태양광선을 반사해 지표면의 온도를 낮추는 역할을 한다. 화산 폭발 역시 지구 냉각 효과를 가져오는 대표적 사례이다. 대규모 폭발 시 방출된 이산화황(SO_2) 가스는 성층권에 도달해 물과 반응하며 황산 구름을 형성하고, 이는 태양광선을 차단하여 지표를 냉각시킨다. 1815년 인도네시아의 탐보라 화산(폭발 전 높이 약 4,200m)은 정상부 약 1,500m가 붕괴되며 직경 7km, 깊이 1km가 넘는 칼데라를 형성했다. 이 과정에서 성층권으로 대량의 이산화황이 주입되어 '화산 겨울' 현상이 발생했고, 세계 평균 기온이 약 0.4~0.7℃ 하강했다. 1991년 필리핀의 피나투보 화산 역시 분출물이 상공 35km까지 치솟으면서 전 지구적으로 기온을 낮추는 효과를 일으켰다. 실제로 당시 지구 표면에 도달하는 태양광은 약 2.5% 감소했으며, 주요 작물의 생산량이 일시적으로 줄어들기도 했다.

대기 중 에어로졸, 구름층, 화산재 등으로 태양광선을 반사해 지구 대류권 온도가 낮아지는 것에 착안해, 지구공학 기술이 공식적으로 제안된 것은 1965년 미국에서 린든 존슨 대통령의 과학자문위원회가 햇빛 반사율을 높여 온실가스 증가분을 상쇄하는 방안을 제시한 것이 계기가 되었다. 지구공학은 크게 두 가지 방식으로 나뉜다. 하나는 지구로 들어오는 태양빛을 줄여 지구 기온 상승을 억제하는 태양복사 관리(SRM: Solar Radiation Management)이며, 다른 하나는 대기 중 이산화탄소를 줄여 온실가스 효과를 완화하는 이산화탄소 제거(CDR: Carbon Dioxide Removal) 기술이다. 인공적으로 화학 구름을 만들어 햇빛을 차단하고 지구 온도를 낮추려는 실험을 계획했던 하버드 대학교의 프랭크 코이치(Frank Keutsch) 교수는 이러한 시도가 지구환경에 또 다른 위협을 초래할 것이라는 일부 과학자와 환경론자들의 반발에 실행을 취소했다. 또한 스웨덴 우주국은 성층권에 기구를 띄워 에어로졸을 분사하려던 계획을 세웠으나, 이 역시 환경 단체의 거센 반발로 인해 계획을 철회했다. 2024년 미국 캘리포니아 샌프란시스코 동쪽 해안의 알라메다(Alameda)에 위치한 퇴역 항공모함 갑판에서 미세한 소금 입자를 하늘로 발사해 구름층을 만들어

지구환경과 기후변화

햇빛을 차단하는 실험이 진행되었으나, 사전 고지가 없어 알라메다 시 의회의 중단 요청으로 인해 20분 만에 실험이 중단되었다. 이처럼 비허가 실험들은 예상치 못한 부작용과 우려로 인해 논쟁이 끊이지 않고 있다.

이산화탄소 제거(CDR) 기술은 직접 공기 포집, 바이오차(Biochar) 전환 기술 및 이산화탄소 포집 및 활용·저장 기술(CCS, CCUS, CCU) 등이 대표적이다. 이 중 직접 공기 포집 기술은 대기 중 이산화탄소를 직접적으로 제거할 수 있는 장점이 있지만, 현재 기술 수준으로는 경제성이 낮고 에너지 소비가 크다는 단점이 있다. 바이오차 기술은 유기 폐기물을 바이오차로 전환한 뒤 토양에 저장함으로써 폐기물 처리와 이산화탄소 저감 효과를 동시에 얻을 수 있으나, 이 또한 바이오차 생산에 드는 에너지가 크다는 단점이 있다. 이산화탄소 포집 및 저장 기술은 생산 공정 과정에서 발생하는 고농도의 이산화탄소를 포집해 저장하거나 활용하는 방식으로, 배출원의 이산화탄소를 효과적으로 제거할 수 있다. 하지만 이 역시 대규모 설비 구축에 막대한 경제적 비용이 소요된다는 현실적인 제약이 있다. 최근에는 대기 중 이산화탄소를 흡수하는 인공 나무나 인공 나뭇잎 같은 기술도 연구되고 있다. 이처럼 전 세계적으로 지구온난화에 대응하기 위한 다양한 지구공학 기술 개발이 활발히 이루어지고 있다. 하지만 이러한 기술들이 과연 지구를 구하는 해법이 될지, 아니면 새로운 재앙의 씨앗이 될지는 아직 아무도 알 수 없다. 그렇기에 지구공학 기술은 최후의 수단으로 신중하게 접근되어야 하며, 지구의 자연 생태계 시스템에 영향을 최소화하면서도 연계 가능한 기술 개발이 더욱 시급한 상황이다.

에필로그

대략 45억 년 된 지구에서 약 38억 년 전 최초의 세포 생명체가 등장한 이후, 수많은 역경을 견디며 진화해 온 인류는 이제 자신들이 사용한 화석연료로 인해 식물과 동물을 비롯한 지구 공동체 생명체들과 함께 심각한 위기에 직면해 있다. 온도 상승, 해수면 상승, 폭염, 폭설, 한파, 폭우 등 극단적인 기후 현상이 이어지며 기후변화에 의한 대멸종이 현실로 다가오고 있다. 많은 생명체들은 이러한 변화의 원인조차 알지 못한 채 고통 속에서 죽어가고 있다. 이제 지구 평균 기온이 산업화 이전보다 '1.5℃ 상승' 수준으로 유지되기 어려운 상황으로, '2도 상승 또는 3도 상승' 수준을 대비해야 하는 위기에 봉착해 있다. 2050년 탄소중립이라는 전 지구적 과제가 있음에도 각 국가의 이해관계, 전쟁, 지진, 무역 장벽 등의 요인으로 인해 온실가스 감축 정책이 지연되거나 무산되기도 한다. 전 세계 국가들은 현재 2050년

탄소중립을 목표로 청정에너지 확대, 녹색경제 전환, 저탄소 산업구조 개편, 에너지 효율 건축, 스마트 수송, 농업 시스템 도입, 친환경 농식품 기술 활용 등 다양한 분야에서 온실가스 감축을 위한 노력을 지속하고 있다. 그러나 전쟁과 정치적 이해관계 속에서 목표치를 낮추거나 기존 규제를 완화하고, 탈원전에서 원전으로 회귀하거나 화석연료 사용을 은밀히 늘리는 등 탄소중립 속도 조절에 나서는 사례도 늘고 있다.

2024년은 지구 평균 온도가 처음으로 1.55℃를 초과한 해이다. 단 몇 년 사이 급변한 기후로 인해 지구 곳곳의 생태계가 파괴되고 있다. 만약 2050년이 되기 전 지구 온도가 3℃ 이상 상승하게 된다면, 어떤 일이 벌어질지 가늠조차 어렵다. 현재도 많이 녹아내리고 있는 빙하는 극지방에서 더 이상 찾아보기 힘들 수도 있으며, 해양의 부영양화는 심화되고 열염순환의 컨베이어 벨트가 약화되어 전 지구적 해양 순환이 마비될 가능성도 있다. 이는 어종 변화, 먹이사슬 붕괴, 해수면 및 해수 온도 상승 등을 유발해 인류는 물론 전체 생태계의 생존을 위협하게 될 것이다. 또한 이로 인해 전 세계는 이주 문제, 경제적 혼란, 자원 분쟁 등 다양한 위기를 겪게 될 것이다.

세계 각국은 파리협정을 바탕으로 온실가스 감축목표를 수립하고, 이행 점검 및 관련 기술 개발에 집중하고 있다. 그러나 국가 및 정부 차원의 대응만으로는 부족하다. 개인의 생활 방식 역시 변화해야 한다. 우리가 기후변화를 체감한 지 불과 몇 년밖에 되지 않았지만, 지구의 대기권은 인간이 배출한 온실가스로 인해 이미 병든 상태다. 숨

쉴 수 있는 지구의 폐는 보이지 않는 온실가스에 의해 고통받고 있으며, 극심한 폭염, 폭우, 가뭄, 한파 등의 기후 이상 현상은 일종의 호흡기 증상처럼 분출되고 있다. 온실가스 감축목표를 지금보다 더 강하게 조정하지 않는다면, 현재 세대의 필요는 물론 미래 세대의 필요까지 충족하는 지속가능한 발전은 어려울 것이다. 지구는 더 이상 인류를 위해 기후변화의 시간을 기다려주지 않으며, 이미 역습을 시작했다. 인류의 온실가스 감축 속도보다 기후 역습이 더 빠르게 진행되고 있어 이에 대한 대응 및 적응도 동시에 준비해야 한다. 지금도 기후변화가 자연적인 현상이며 인간 책임이 아니라는 논쟁을 벌이기에는 미래 세대를 위한 준비 시간이 부족하다. 관측 결과는 이미 온실가스가 기후변화의 주된 원인임을 명확히 보여주고 있다.

극한 폭우와 홍수에 따른 물 관리, 폭염·가뭄·산불에 따른 산불 관리, 해수면 및 해수 온도 상승에 따른 해양 관리, 대기오염과 온실가스 배출 감축을 위한 대기 관리 등, 기후 패턴 예측은 거시적 관점뿐만 아니라 미시적 관점에서도 다양한 대응 정책과 방안이 마련되어야 한다. 이와 더불어 에너지 절약, 친환경 제품 사용, 음식물 쓰레기 감소 등 개인의 작은 실천도 중요하다. 온실가스 감축 정책과 함께 이제는 기후변화에 대한 대응과 완화뿐 아니라 적응과 대비도 동시에 추진해야 한다. 분열된 정치적, 경제적, 사회적 이해관계를 넘어서, 저탄소 사회로의 전환을 위해 감축 노력, 기후 피해 복구 방안, 상생 협력에 대한 국가와 개인의 역할을 깊이 고민할 필요가 있다. 지구의 기후 임계점이 2℃일지 3℃일지 미래는 알 수 없으나, 2024년 단 한

지구환경과 기후변화

번 1.5℃를 초과했을 뿐인데도 전 세계적인 피해가 계속 증가하고 있다. 지구 평균 기온이 3℃ 이상일 경우 영양실조, 물 부족, 해수면 상승으로 인한 분쟁과 대규모 이주 등 참혹한 시나리오는 현실이 될 수 있다. 탄소중립이 제대로 이행되지 않는다면 21세기 말에는 지구 평균 온도가 4℃ 이상 상승하고 한반도 역시 사람이 살기 어려운 환경이 될 수 있다. 따라서 탄소 감축에 더욱 박차를 가해야 하며, 늦어질수록 기후 재앙의 가능성은 커지고, 기후 비용과 고통은 더욱 커질 것이다. 현재 세대는 온실가스 감축을 통해 미래 세대에 책임을 전가하지 않고, 그들의 환경권을 지키기 위한 최선의 노력을 다해야 한다.